35

Teubner Studienbücher Elektrotechnik

R. Elsner

Nachrichtentheorie   1 Grundlagen

Nachrichtentheorie

1 Grundlagen

Von Dr.-Ing. R. Elsner

Professor an der Techn. Universität Braunschweig

1974. Mit 101 Bildern, 23 Beispielen
und 17 Aufgaben mit Lösungen

B. G. Teubner Stuttgart

Prof. Dr.-Ing. Rudolf Elsner

1922 in Breslau geboren. 1948 bis 1954 Studium
der Elektrotechnik an der Technischen Hochschule
Braunschweig. Assistent und Oberingenieur von
1954 bis 1963 am Institut für Fernmelde- und
Hochfrequenztechnik und 1957 Promotion an der
Technischen Hochschule Braunschweig. 1965 Habili-
tation für das Fachgebiet Nachrichtentechnik
und seit 1964 Abteilungsvorsteher und Professor
im Institut für Nachrichtentechnik der Technischen
Universität Braunschweig. Arbeitsgebiete: Analyse
elektrischer Schaltungen mit nichtlinearen Bau-
elementen, Integraltransformationen in der Nachrichtentechnik, Informationstheorie und Sprach-
erkennung.

ISBN 3-519-06103-1

© B.G. Teubner, Stuttgart 1974
Printed in Germany
Druck: Julius Beltz, Hemsbach
Umschlaggestaltung: W.Koch, Sindelfingen

Vorwort

Dieses Buch behandelt den Stoff des ersten Teils einer
Vorlesung Nachrichtentheorie, die an der Technischen
Universität Braunschweig Studenten der Nachrichtentheorie
im 6. Semester angeboten wird. Es setzt Grundkenntnisse
in Elektrotechnik und Nachrichtentechnik voraus.

Ausgehend von dem Modell einer Nachrichtenübertragung
werden in diesem Buch die Nachrichtenquelle, die Signal-
darstellung und die Modulation behandelt.

Da die Nachricht ein stochastischer Prozeß ist, werden
benötigte Kenntnisse und Methoden der Statistik dargestellt und in Verbindung damit die Grundbegriffe der
Informationstheorie eingeführt. Die für die Signaldar-
stellung wichtigen Transformationen des Signals aus dem
Zeit- in den Frequenzbereich werden nur zusammenfassend
erläutert, so daß eine gewisse Vorkenntnis notwendig ist.
Die Abtastung, insbesondere das Shannon'sche Abtasttheorem, wird ausführlich behandelt. Wegen der Bedeutung
zeit- und wertdiskreter Signale für die Nachrichtentheorie nehmen Quantisierung und Codierung von Signalen
einen breiten Raum ein. Die Codierungstheorie wird bis
zu einer Einführung in die Methoden fehlerkorrigierender
Codes behandelt. Alle einschlägigen Modulationsverfahren
werden beschrieben und der Begriff der Kanalcodierung
eingeführt.

Der Stoff des zweiten Teils dieser Vorlesung wird in
einem zweiten Band in der Reihe "Teubner Studienbücher"
dargeboten. Der Band behandelt die Übertragungsstrecke
mit ihren Verzerrungen, die Störung des Signals und den
Signalempfang.

Ziel der beiden Bände ist die Darstellung der in der
Nachrichtenübertragungstechnik heute verwendeten theo-
retischen Methoden und ihrer Anwendung.

6

Ein Verzeichnis weiterführender Literatur soll das
Selbststudium auf gewünschtem Gebiet fördern. Einige
Tabellen und mathematische Ableitungen wurden in den
Anhang genommen. Dort sind weiterhin die Lösungen der
im Text gestellten Aufgaben angegeben.

Herrn Prof. Dr.-Ing. H. G. Musmann danke ich für die
kritische Durchsicht des Manuskripts und viele wert-
volle Verbesserungsvorschläge. Hilfen und kritische
Hinweise aus dem Kreis der wissenschaftlichen Mitar-
beiter des Instituts für Nachrichtentechnik haben das
Buch gefördert. Mein besonderer Dank gilt der technischen Angestellten Frau B. Hohl, die die Manuskript-
vorlage einschließlich der Zeichnungen für das Buch
angefertigt hat.

Braunschweig, im Sommer 1974   Rudolf Elsner

Inhalt   Seite

8

1. Einführung

1.1. Elektrisches Nachrichtenübertragungssystem

Ein Nachrichtenübertragungssystem besteht aus Quelle, Kanal
und Sinke, wie es Bild 1 zeigt. Der Quelle wird die Erzeugung der Nachricht zugeschrieben. Sie wählt aus einer Zeichenliste X, auch Zeichenvorrat genannt, eine Folge von Zeichen x_i aus. Diese Zeichenfolge stellt die Nachricht dar und
wird durch den Kanal zur Sinke übertragen. Die Sinke nimmt

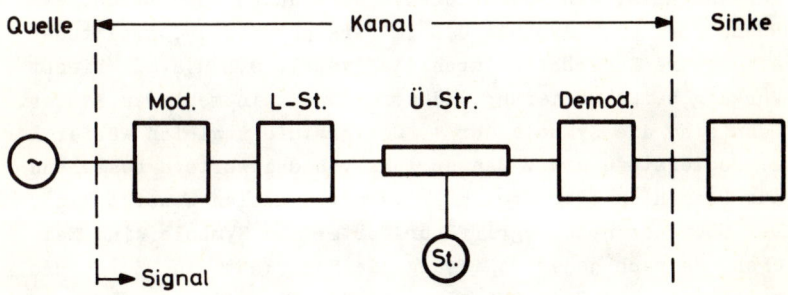

Bild 1   Modell einer Übertragungsstrecke

die Nachricht auf und ordnet in einem Erkennungsvorgang die
ankommenden Zeichen y_j aus einer Zeichenliste Y den Bedeu-
tungen zu.

Die Bildung der Nachricht in der Quelle ist meistens ein
sehr komplexer Vorgang. Ein Mensch will z.B. einem anderen
über ein Telefon seine Gedanken mitteilen. Er formuliert den
zum Gedanken gehörenden Satz, indem er ihn aus Wörtern des
beiden bekannten Wortschatzes aufbaut. Über den Nervenkanal
gibt er die zu den Wörtern gehörenden Zeichen an die Sprechwerkzeuge. Es entsteht ein akustisches Signal, das über den
akustischen Kanal auf ein Mikrofon gelangt. Erst das Ausgangssignal des Mikrofons ist die Darstellung der Nachricht

als Folge von Zeichen x_i am Ausgang der Quelle, wobei x_i die
Amplituden des Signals sind. Denn hier beginnt der Kanal.

Weitere Beispiele für Zeichenlisten sind die Amplituden von
Bildabtastsignalen, die Fernschreib- oder Morsezeichen der
Buchstaben, Zahlwörter in binärer Darstellung u.ä.m.. Bei
der Bildung der Nachricht in der Quelle tritt häufig ein
Vorgang auf, bei dem ein Wort, jetzt ganz allgemein ge-
braucht, durch eine Folge von Symbolen dargestellt wird,
z.B. ein Satz durch Wörter, ein Wort durch Befehle an die
Sprechwerkzeuge, ein Laut durch Amplituden des Mikrofonaus-
gangssignals, ein geschriebenes Wort durch Buchstaben, ein
Buchstabe durch Symbole O,L im Fernschreibcode, Amplituden
als binäre Zahlwörter durch die Symbole O,L u.ä.m.. Dieser
Vorgang heißt Codierung und erfolgt oft in mehreren Stufen.
Dann sind die Symbole der 1. Codierstufe zugleich Wörter der
2. Codierstufe usw.. Man spricht von Codewörtern bestehend
aus Elementen oder Stellen, die mit Symbolen besetzt sind.
Der übergeordnete Begriff für Wörter und Symbole sind Zeichen, da nach jeder Codierung die Nachricht eine Zeichenfolge bleibt. Ein Code ist also die Zuordnung der Zeichen einer
Zeichenliste zu Codewörtern, die aus Symbolen eines Symbol-
alphabets aufgebaut sind.

Der wesentliche Teil des Kanals ist die Übertragungsstrecke
(Ü-Str.). Das Übertragungsmedium bzw. die physikalische Eigenschaft des Mediums, die zur Übertragung benutzt wird,
kennzeichnet das System. Der Inhalt dieses Buches beschränkt
sich auf elektrische Nachrichtenübertragungssysteme.

Das Ausgangssignal der Quelle wird, wie in Bild 1 gezeigt,
vom Modulator (Mod.) den Übertragungseigenschaften des Kanals angepaßt. Ein Verstärker (L-St.) gibt dem modulierten
Signal die notwendige Leistung, damit es trotz Störung (St.)
am Ende der Übertragungsstrecke erkennbar ist. Der Demodulator (Demod.) liefert ein Signal, das die Sinke aufnimmt.
Der Erkennungsprozeß in der Sinke erfolgt komplementär zu

dem Erkennungsprozeß in der Quelle. In stufenweisen Entscheidungen findet die Sinke die Bedeutung der Nachricht.

Das Signal ist die physikalische Realisierung der Nachricht.
Signale sind kontinuierliche Funktionen einer physikalischen
Größe. Der Quellenausgang kann daher im Prinzip beliebig
viele Möglichkeiten von Signalen liefern. Aber die Störungen
des Kanals erfordern einen genügend großen Unterschied zwischen den Signalen, die die Zeichen x_i wiedergeben. Nur dann
sind die Zeichen y_j, die zum empfangenen Signal gehören,
beim Empfänger unterscheidbar. Wegen der endlichen Unter-
scheidbarkeit brauchen die Zeichenlisten X und Y nur soweit,
wie es der Erkennungsvorgang in der Sinke erfordert, über-
einzustimmen. Ferner kann eine Zeichenliste deshalb nur endlich viele Zeichen umfassen. Hat die Zeichenliste nur 2 Zeichen, spricht man von einer binären Quelle. Die Quelle kann
die Zeichen x_i abhängig oder unabhängig von den vorhergehenden Zeichen der Zeichenfolge, die die Nachricht darstellt,
auswählen. Meistens besteht Abhängigkeit, wie z.B. bei der
Bildung von Wörtern aus Buchstaben, bei denen nur bestimmte
Buchstabenkombinationen sinnvoll sind.

1.2. Nachricht und Information

Eine Nachricht wird durch eine Zeichenfolge dargestellt. Die
Quelle entscheidet über die Aufeinanderfolge der Zeichen,
sie bildet die Nachricht. Man nennt daher die Nachricht einen stochastischen Prozeß. Nur das Nichtvorhersagbare in einer Nachricht bestimmt seinen Gehalt an Information. Ein un-
wahrscheinliches Ereignis hat hohen Informationsgehalt. Daher wird der Informationsgehalt in der Nachricht mit stati-
stischen Größen gemessen. Die Zeichenliste muß mindestens
zwei Zeichen besitzen, damit die Quelle Nachrichten mit Informationsgehalt abgeben kann.

Der Nachrichtengehalt jedes Zeichens in einer Nachricht kann

in einer Ebene gemäß Bild 2 so aufgespalten werden, daß ein
redundanter und nichtredundanter oder relevanter und irrele-
vanter Anteil entsteht. Ein ganzes Zeichen ist redundant,
wenn es sich aus den vorhergehenden berechnen läßt. Es ist
dann vorhersagbar und enthält keine Information. Wenn man in
einem sinnvollen
Wort einen Buchsta-
ben herausläßt, so
läßt sich dieser
meistens aus dem
Sinn ergänzen. D.h.
dieser Buchstabe ist
redundant. Ein Zei-
chen hat stets einen
redundanten Anteil,
wenn die Quelle ihre
Zeichen abhängig von

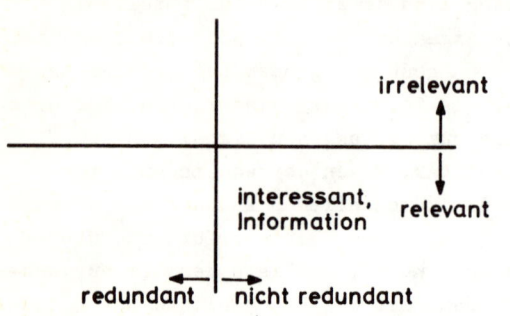

Bild 2 Einteilung einer Nachricht

den vorhergehenden auswählt. Irrelevante Zeichen sind mögliche Zeichen, die aber in der Liste der Sinke nicht vorkommen, sie interessieren nicht. Interessant und Information
vermittelnd sind nur die relevanten, nicht redundanten Zeichen bzw. der relevante, nicht redundante Anteil des Zeichens.

1.3. Geschichte der Nachrichtentheorie

1924 weisen K ü p f m ü l l e r und N y q u i s t unabhängig voneinander darauf hin, daß das Produkt aus Bandbreite des Signals und der Zeitdauer, in der eine bestimmte
Nachricht dargestellt werden kann, konstant ist.

1928 führt H a r t l e y logarithmische Größen als Maß der
Nachricht ein. Er erkennt auch, daß die Störung die unter-
scheidbare Amplitudenstufenzahl beschränkt.

1947 formuliert S h a n n o n seine Theorie der Nachrichtenübertragung. Viele Nachrichtentechniker und Mathematiker
haben diese Theorie im folgenden weiter ausgebaut.

2. Informationstheorie

2.1. Messung des Entscheidungsgehaltes

Die Quelle <u>entscheidet</u> über auszusendende Zeichen; die Sinke
<u>entscheidet</u>, welches Zeichen seiner Liste dem ankommenden
Signal zugehört. Ein Maß für den Aufwand bei der Bildung einer Nachricht ist die Zahl der Entscheidungen, die Quelle
oder Empfänger treffen. Die kleinste Menge von Zeichen, bei
der ein Entscheiden möglich ist, ist die Menge "2"; dann
spricht man von <u>binärer</u> Entscheidung. Daher ist 1 bit (<u>bi-
nary digit</u>) die Einheit, in der Entscheidungen gezählt werden. Bei <u>N</u> Zeichen in der Liste benötigt die Quelle $\mathrm{ld}\,N$
binäre Entscheidungen je Zeichen (für $\log_2$ wird künftig abgekürzt ld geschrieben). Daher gelten folgende Definitionen:

Entscheidungsgehalt der Quelle $\quad H_o = \mathrm{ld}\,N \;\; [\mathrm{bit}]$

Entscheidungsfluß $\qquad\qquad\qquad\quad H_o^* = H_o/\tau \;\; [\mathrm{bit/s = Baud}]$

Dabei ist τ die Zeit, in der ein Zeichen, gekennzeichnet
durch $\mathrm{ld}\,N$ Entscheidungen, durch den Kanaleingang fließt,
also die Zeitdauer zur Darstellung des Zeichens. Wenn die
Wörter der Zeichenliste aus s Elementen bestehen, die mit
einer Auswahl aus z Symboltypen besetzt sind, und man dem
Stellenort des Elements Bedeutung zuordnet, so kann man
$N = z^s$ Wörter bilden. Der Entscheidungsgehalt beträgt dann
also $\underline{H_o = s \cdot \mathrm{ld}\,z}$ je Wort. Einige Beispiele sollen dies erläutern.

Beispiel 1 :

Zur Übertragung wird ein Bild in $2{,}25\cdot 10^6$ Quadrate aufge-
löst. Die Helligkeit der Quadrate wird in 12 Stufen angegeben. Das Bild besteht als Codewort aus $s = 2{,}25\cdot 10^6$ Elementen. Jedes Element ist mit einer von $z = 12$ Symboltypen besetzt; das ergibt $N = 12^{2.250.000}$ mögliche Bilder. Der Entscheidungsgehalt beträgt $H_o = \mathrm{ld}\,N = 2{,}25\cdot 10^6 \cdot \mathrm{ld}\,12 = 8$ Mbit

je Bild für diese Bildquelle.

Aufgabe 1 :

Ein Fernsehbild wird in $4 \cdot 10^5$ Bildelemente aufgeteilt. Für eine gute Wiedergabe sind 256 Helligkeitsstufen und 32 Farbtonstufen erforderlich. In einer Sekunde werden 25 Bilder übertragen.

1) Wie groß ist der Entscheidungsfluß H_o^* bei Schwarz-Weiß-Bildern ?

2) Um welchen Faktor erhöht sich H_o^* bei Farbbildern ?

Aufgabe 2 :

Ein Zeichen wird durch 4 Elemente von je 1ms Dauer dargestellt, wobei als Symboltypen die Spannungen 0, 1, 2 und 3V auftreten können. Die Zeichen werden voneinander getrennt durch den Spannungswert -1V (Bild 3). Wie groß ist der Entscheidungsfluß H_o^* der Quelle, die dieses Signal liefert ?

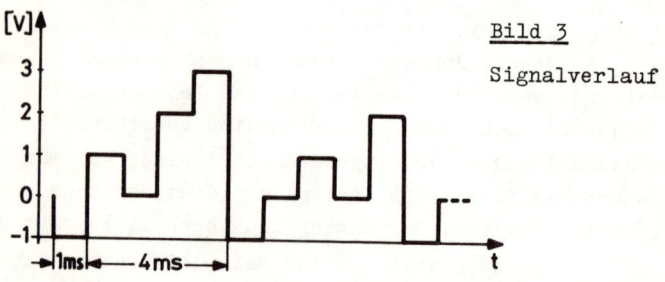

Bild 3

Signalverlauf

Die Codierung der Wörter kann auch so gewählt werden, daß bei jeder der s Entscheidungen zwischen einer anderen Menge z_i von Symboltypen entschieden wird. In diesem Fall können $N = \prod_{i=1}^{s} z_i$ Wörter gebildet werden. Zur Darstellung dieser Aufeinanderfolge von Entscheidungsvorgängen eignet sich der Codebaum (Bild 4).

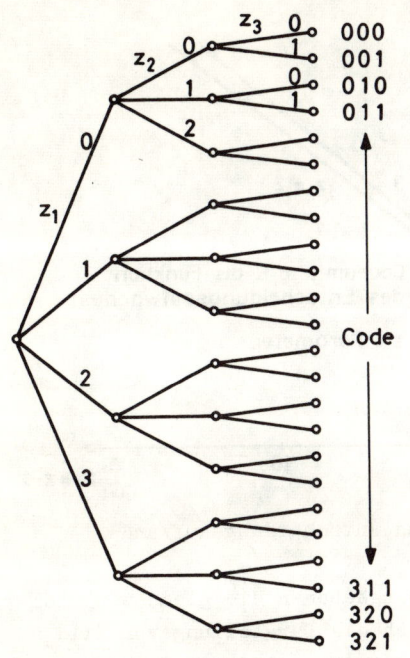

$z_1 = 4$
$z_2 = 3$
$z_3 = 2$
$s = 3$

Entscheidungsaufwand

$$\sum_{i=1}^{3} z_i = 4 + 3 + 2 = 9$$

Code

Codeumfang

$$N = \prod_{i=1}^{3} z_i = 4 \cdot 3 \cdot 2 = 24$$

Bild 4   Codebaum

Ein Maß für den Entscheidungsaufwand ist sicher $\sum_{i=1}^{s} z_i$. Will man diese Größe minimal haben bei konstantem Codeumfang mit $N = \prod_{i=1}^{s} z_i$, so läßt sich mit der Funktion $f(z) = z - e \ln z$ (Bild 5) zeigen, daß

$$z \geqq e \ln z$$

$$\sum_{i=1}^{s} z_i \geqq \sum_{i=1}^{s} e \ln z_i = e \ln \prod_{i=1}^{s} z_i$$

$$\text{und} \quad \left(\sum_{i=1}^{s} z_i \right)_{min} = e \ln N$$

bei $f(z) = 0$ ist.

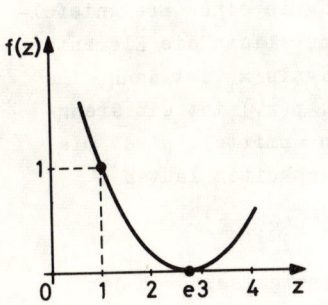

Bild 5   Funktion $f(z) \geqq 0$

Also ist $z_{i\ opt} = e$. Nun muß natürlich z_i ganzzahlig sein. Die nächstliegenden Werte sind $z_i = 2$ und 3.

16

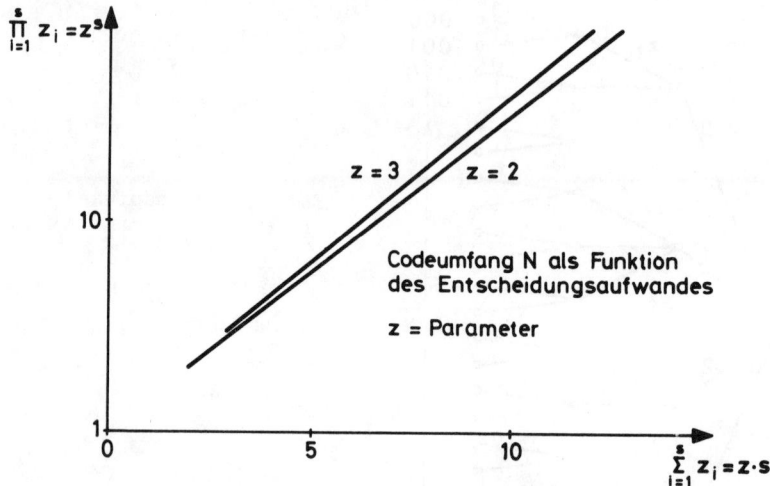

Bild 6   Codeumfang und Entscheidungsaufwand

Wählt man in allen i Entscheidungsebenen die gleiche Symbol-
typenzahl z_i = z, so ergibt sich die Darstellung von Bild 6.
Obwohl z = 3 kleineren Aufwand ergibt, wird aus technologi-
schen Gründen fast nur z = 2 verwendet.

2.2. Wahrscheinlichkeitsfeld

Man kann die Nachricht auch als Ereignis eines Ereignisfel-
des auffassen, bei dem die Zeichen der Liste die Elementarereignisse sind. Jedem Elementarereignis x_i ist dann eine
Wahrscheinlichkeit $p(x_i)$ zugeordnet. $p(x_i)$ ist ein Grenz-
wert, der durch Häufigkeitsmessungen ermittelt wird. Die
wichtigsten Regeln über Wahrscheinlichkeiten lauten :

$$\sum_{i=1}^{N} p(x_i) = 1 \qquad\qquad p(x_i) \geqq 0$$

Hängt das Auftreten eines Elementarereignisses von den vorhergehenden Ereignissen ab, so spricht man von einem Markoffprozeß. Beim Markoffprozeß n-ter Ordnung hängt die Wahr-

scheinlichkeit des Auftretens eines Elementarereignisses von
dem Zustand ab, den die n vorhergehenden Elementarereignisse
angenommen haben. So bilden beim Markoffprozeß 1. Ordnung
das Ereignis y_j und das vorhergehende x_i ein Verbundereignis
x_i, y_j mit der Verbundwahrscheinlichkeit $p(x_i, y_j)$. Ein sol-
ches Verbundereignis x_i, y_j tritt auch beim Übertragungsvor-
gang auf. Hier gehört zum gesendeten Zeichen x_i das empfangene Zeichen y_j. Bei diesen Verbundereignissen gelten folgende Regeln :

$$\sum_i \sum_j p(x_i, y_j) = 1 \qquad p(x_i) = \sum_j p(x_i, y_j) \qquad p(y_j) = \sum_i p(x_i, y_j)$$

$$p(x_i, y_j) = p(x_i) \cdot p(y_j | x_i) = p(y_j) \cdot p(x_i | y_j)$$

$$p(y_j | x_i), \; p(x_i | y_j) \text{ bedingte Wahrscheinlichkeiten}$$

$$\sum_j p(y_j | x_i) = 1 \qquad \sum_i p(x_i | y_j) = 1$$

$$\left.\begin{array}{l} p(x_i, y_j) = p(x_i) \cdot p(y_j) \\[1em] p(y_j | x_i) = p(y_j) \;,\; p(x_i | y_j) = p(x_i) \end{array}\right\} \begin{array}{l} \text{bedeutet statistische} \\ \text{Unabhängigkeit der} \\ \text{Zeichen } x_i \text{ und } y_j \end{array}$$

Ein Beispiel soll dies erläutern :

Beispiel 2 :

Zwei Becher enthalten weiße und schwarze Kugeln. Becher A
enthält 2 schwarze und 1 weiße Kugel; Becher B enthält 3
schwarze und 2 weiße Kugeln. Die Becher sind nicht zu unterscheiden. Eine Kugel wird aus einem der Becher herausgenom-
men. Dieser Vorgang ist ein Verbundereignis, bestehend aus
Becherwahl und Kugelwahl. Die Wahrscheinlichkeit für die Becherwahl ist $p_A = p_B = 1/2$. Die bedingten Wahrscheinlichkei-
ten, weiße oder schwarze Kugeln zu nehmen, sind $p(w|A) = 1/3$
$p(s|A) = 2/3$, $p(w|B) = 2/5$, $p(s|B) = 3/5$. Die Wahrscheinlichkeit, eine weiße Kugel zu entnehmen, beträgt
$p(w) = p(w|A) \cdot p(A) + p(w|B) \cdot p(B) = \frac{1}{3} \cdot \frac{1}{2} + \frac{2}{5} \cdot \frac{1}{2} = \frac{11}{30}$.

Aufgabe 3 :

Gegeben ist ein Verbund-
wahrscheinlichkeitsfeld
$p(x_i, y_j)$

$p(x_i, y_j)$ $\diagdown$ $\begin{array}{c}j\\i\end{array}$	1	2	3
1	0,1	0,1	0,1
2	0,5	0	0,2

1) Wie groß sind die Wahrscheinlichkeiten $p(x_i)$ und $p(y_j)$?

2) Wie sähe das Verbundwahrscheinlichkeitsfeld bei gleichen $p(x_i)$ und $p(y_j)$ aus, wenn die Ereignisse x_i und y_j statistisch unabhängig wären ?

3) Wie groß sind die bedingten Wahrscheinlichkeiten $p(x_i|y_j)$ und $p(y_j|x_i)$?

Am Quellenausgang gehören aufeinanderfolgende Zeichen x_i und y_j derselben Zeichenliste an. Daher gilt hier als Besonderheit $p(x_i) = p(y_j)$ für $i = j$, und es ergeben sich folgende Gleichungen, mit deren Hilfe aus einer Matrix der bedingten Wahrscheinlichkeiten die Einzelwahrscheinlichkeiten berechnet werden können :

$$\sum_i p(y_j|x_i)p(x_i) = p(y_j) = p(x_j)$$
$$\sum_j p(x_i|y_j)p(y_j) = p(x_i) = p(y_i)$$

Zur Erläuterung dient Aufgabe 4.

Aufgabe 4 :

Gegeben sind die bedingten
Wahrscheinlichkeiten
$p(y_j|x_i)$

$p(y_j|x_i)$ $\diagdown$ $\begin{array}{c}j\\i\end{array}$	a	b	c
a	0	4/5	1/5
b	1/2	1/2	0
c	1/2	2/5	1/10

1) Die Wahrscheinlichkeiten $p(x_i)$ sind für $p(x_i) = p(y_j)$ bei $i = j$ zu berechnen.

2) Die Verbundwahrscheinlichkeiten $p(x_i, y_j)$ sind zu bestimmen.

Die bedingten Wahr-
scheinlichkeiten las-
sen sich vorteilhaft
im Markoff-Diagramm
darstellen (Bild 7).
Z.B. weist der Pfeil
mit $p(y_2|x_1)$ darauf-
hin, mit welcher Wahr-
scheinlichkeit das Er-
eignis y_2 auf den Zu-
stand mit dem Ereignis
x_1 folgt usw.

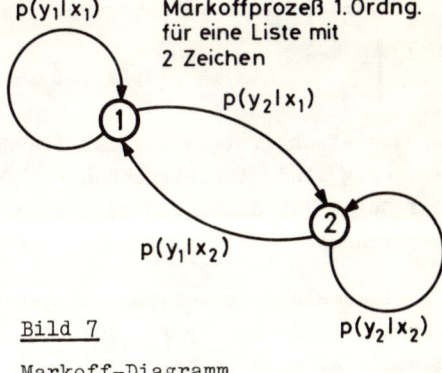

Bild 7

Markoff-Diagramm

<u>Aufgabe 5 :</u>

Für eine Buchstabenfolge AABBABABABABABABABBBABBBBBABABABABABBB
ACACABBABBBBABBABACBBBABAB von 60 Buchstaben, die als ge-
schlossener Ring zu betrachten ist, sollen die abzählbaren
Häufigkeiten den Wahrscheinlichkeiten entsprechen.

1) Wie groß sind die Wahrscheinlichkeiten $p(x_i)$, x_i=A,B,C ?

2) Wie groß sind die Verbundwahrscheinlichkeiten $p(x_i,y_j)$,
   x_i=A,B,C und y_j=A,B,C für zwei aufeinanderfolgende Buchstaben ?

3) Wie groß sind die bedingten Wahrscheinlichkeiten
   $p(y_j|x_i)$?

4) Das Markoff-Diagramm für die Zweier-Buchstabengruppen
   ist zu zeichnen.

2.3. <u>Informationsgehalt der Nachrichtenquelle</u>

Je unwahrscheinlicher ein Zeichen auftritt, desto höher ist
sein Informationsgehalt. S h a n n o n hat gezeigt, daß
der Informationsgehalt des Zeichens x_i mit $I_i = \text{ld} \frac{1}{p(x_i)}$ angegeben werden kann.

Der mittlere Informationsgehalt der Quelle beträgt dann

$$H(X) = \sum_{i=1}^{N} p(x_i)\, I_i = \sum_{i=1}^{N} p(x_i)\, \text{ld}\, \frac{1}{p(x_i)}$$

Voraussetzung ist dabei, daß die Zeichen x_i statistisch unabhängig sind. Als Berechnungshilfe für H kann die Tabelle auf Seite 142 dienen. H wird auch als Entropie der Quelle bezeichnet.

Im allgemeinen treten die Zeichen x_i mit unterschiedlicher Wahrscheinlichkeit $p(x_i)$ auf. Offensichtlich ist es dann ungeschickt, alle Zeichen mit der gleichen Zahl von Entscheidungen auszusuchen. Sondern es ist besser, wahrscheinliche Zeichen mit wenig Entscheidungen, seltene Zeichen mit mehr Entscheidungen auszuwählen. Schon im Morsealphabet ist diese Tatsache berücksichtigt, um die mittlere Entscheidungszahl klein zu halten.

Bei Gleichwahrscheinlichkeit aller Zeichen ist $p(x_i) = \frac{1}{N}$, also H = ld N = H_o , Entscheidungsgehalt gleich mittlerem Informationsgehalt.

$H^* = H/\tau$ heißt mittlerer Informationsfluß.

Aufgabe 6 :

Eine Nachrichtenquelle verfügt über die Zeichen A, B, C und D. Die Signaldauer jedes Zeichens ist τ = 5 ms.

1) Wie groß ist der mittlere Informationsfluß bei gleicher Wahrscheinlichkeit des Auftretens aller Zeichen ?

2) Wie groß ist der mittlere Informationsfluß bei den Wahrscheinlichkeiten p(A) = 1/5, p(B) = 1/4, p(C) = 1/4, p(D) = 3/10 ?

Bei gegebenen N Zeichen hängt die Entropie H der Quelle von den Wahrscheinlichkeiten des Auftretens dieser Zeichen ab. Für N gleichverteilte Zeichen mit der Wahrscheinlichkeit

$p = \frac{1}{N}$ beträgt die Entropie $H = H_0 = \operatorname{ld} N$.

Für jede andere Verteilung $p(x_i) = p + \varepsilon_i$, $i = 1 \ldots N$ gilt $\sum\limits_{i=1}^{N} p(x_i) = 1$, also $\sum\limits_{i=1}^{N} \varepsilon_i = 0$.

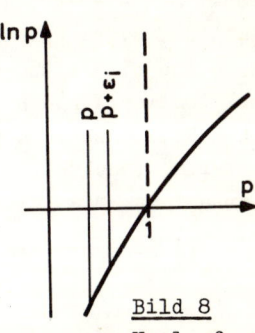

Aus Bild 8 folgt für die Steigungen in $p + \varepsilon_i$ und der Sekante zwischen den Kurvenpunkten $p + \varepsilon_i$ und p die Ungleichung

$$\frac{1}{p+\varepsilon_i} < \frac{\ln(p+\varepsilon_i) - \ln p}{\varepsilon_i}$$

Bild 8
Verlauf von $\ln p$

$$\varepsilon_i < (p+\varepsilon_i)\ln(p+\varepsilon_i) - (p+\varepsilon_i)\ln p$$

$$\sum\limits_{i=1}^{N} \varepsilon_i \operatorname{lde} < \sum\limits_{i=1}^{N} \left[p(x_i)\operatorname{ld}p(x_i) + p\operatorname{ld}\frac{1}{p} + \varepsilon_i \operatorname{ld}\frac{1}{p} \right]$$

$$0 < -H + H_0$$

Die Wahrscheinlichkeiten $p(x_i)$ ergeben die Entropie $H(X) < H_0$.

Gleichwahrscheinlichkeit aller Zeichen ergibt also maximale Entropie. Die Differenz $R = H_0 - H$ heißt Redundanz der Quelle.

Für eine Binärquelle, die ja nur über zwei Zeichen verfügt, ist mit p als Wahrscheinlichkeit des einen Zeichens und $1-p$ des anderen Zeichens die Entropie

$$H = p\operatorname{ld}\frac{1}{p} + (1-p)\operatorname{ld}\frac{1}{1-p}$$

Bild 9 zeigt die Abhängigkeit der Entropie von p.

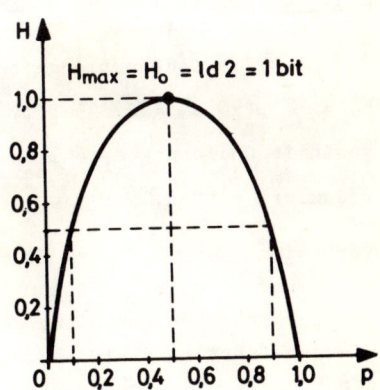

Bild 9 Entropie der binären Quelle

Man sieht, daß H_{max} bei $p = \frac{1}{2}$, also bei Gleichwahrscheinlichkeit der beiden Zeichen, auftritt.

Beschränkt man sich bei der Codierung der Quelle auf binäre
Codes mit den Symbolen 0 und L, so heißt das, daß alle Zeichen x_i durch binäre Codewörter dargestellt werden. Die
mittlere Codewortlänge H_c ist dann gleichbedeutend mit der
mittleren Stellenzahl $\sum_{i=1}^{N} p(x_i)s_i$, wenn s_i die Stellenzahl
der Wörter x_i bedeutet. Für das in Bild 10 angegebene Beispiel erhält man N = 7 ; H_0 = ld 7 = 2,81 bit ;

$$H = \sum_{i=1}^{7} p(x_i) \, ld \, \frac{1}{p(x_i)} = 2,625 \text{ bit} .$$

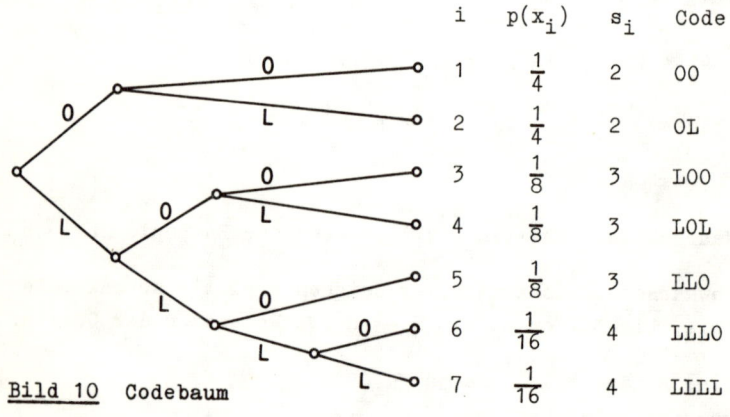

i	$p(x_i)$	s_i	Code
1	$\frac{1}{4}$	2	00
2	$\frac{1}{4}$	2	0L
3	$\frac{1}{8}$	3	L00
4	$\frac{1}{8}$	3	L0L
5	$\frac{1}{8}$	3	LL0
6	$\frac{1}{16}$	4	LLL0
7	$\frac{1}{16}$	4	LLLL

Bild 10 Codebaum

Die mittlere Codewortlänge beträgt dann

$H_c = \sum_{i=1}^{7} p(x_i)s_i = 2,625$ bit. So ist die Redundanz durch die
gewählte Codierung $s_i = I_i = ld \frac{1}{p(x_i)}$ von H_0-H auf H_c-H = 0
reduziert worden.

Vergleicht man in diesem Code die Häufigkeit des Auftretens
von 0 und L, so erkennt man leicht, daß beide Symbole
gleichwahrscheinlich sind. Jede redundanzreduzierende Codierung führt zu gleichwahrscheinlichen Zeichen, wenn man
die Symbole als neue Zeichen zur Darstellung der Nachricht

auffaßt. Da s_i stets ganzzahlig sein muß, kann man im allgemeinen nur $s_i \approx \mathrm{ld}\ \frac{1}{p(x_i)}$ erreichen; dann wird $H \approx H_c$, wobei stets $H_c \geqq H$ gilt. Die Differenz $H_c - H$ ist die verbleibende Redundanz des gewählten Codes.

Ist die statistische Unabhängigkeit aufeinanderfolgender Zeichen nicht erfüllt und die Nachricht z.B. ein Markoffprozeß 1. Ordnung, so hat das Zeichen y_j den Informationsgehalt $I(y_j | x_i) = \mathrm{ld}\ \frac{1}{p(y_j | x_i)}$, wobei x_i das vorhergehende Zeichen ist und x_i wie y_j zum gleichen Zeichenvorrat gehören. Die Entropie dieser Quelle beträgt

$$H(Y|X) = \sum_i \sum_j p(x_i, y_j)\ \mathrm{ld}\ \frac{1}{p(y_j | x_i)} \ .$$

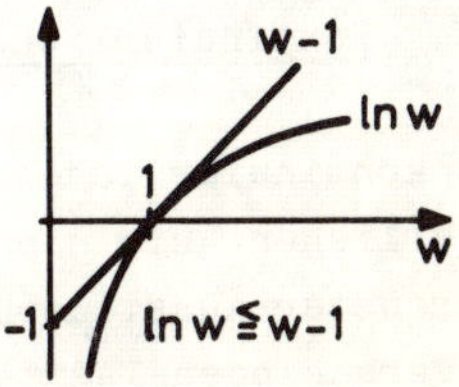

Bei statistischer Unabhängigkeit ist $p(y_j | x_i) = p(y_j)$ und damit $H(Y|X) = H(Y)$. Allgemein gilt stets $H(Y|X) \leqq H(Y)$, da nach Bild 11

Bild 11 $\mathrm{ld}\, w \leqq (w-1)\, \mathrm{ld}\, e$

$$H(Y|X) - H(Y) = \sum_i \sum_j p(x_i, y_j)\ \mathrm{ld}\ \frac{p(y_j)}{p(y_j | x_i)} \quad \text{zu}$$

$$H(Y|X) - H(Y) \leqq \sum_i \sum_j p(x_i, y_j) \left[\frac{p(y_j)}{p(y_j | x_i)} - 1 \right] \mathrm{ld}\, e \quad \text{wird.}$$

Somit gilt

$$H(Y|X) - H(Y) \leqq \sum_i \sum_j \left[p(x_i)\, p(y_j) - p(x_i, y_j) \right] \mathrm{ld}\, e = 0 \ .$$

Bei statistischer Abhängigkeit der aufeinanderfolgenden Zeichen nennt man $H_o - H(Y|X)$ die Redundanz der Quelle. Sie ist stets größer als $H_o - H(Y)$. Auch hier kann man das Codewort y_j entsprechend dem Informationsgehalt codieren, wobei der Code von dem vorhergehenden Zeichen x_i abhängt. Die mittlere Codewortlänge H_c wird so der Entropie angenähert. Entsprechendes gilt für Markoffprozesse höherer Ordnung.

24

Aufgabe 7 :

In Aufgabe 5 wurden für eine Quelle die Wahrscheinlichkeiten $p(x_i)$ und $p(x_i,y_j)$ bestimmt.

1) Wie groß ist die Entropie $H(X)$? Der Zeichenvorrat X besitzt die Zeichen A,B,C .

2) Wie groß ist die Entropie $H(Y|X)$? Die Zeichenvorräte Y und X sind identisch.

2.4. Kontinuierliche Signale

Das kontinuierliche Signal besteht aus einer zeitlich kontinuierlichen Aufeinanderfolge von Amplitudenwerten. Auch bei begrenzter Aussteuerung können die Amplituden unendlich viele verschiedene Werte annehmen. Der Zeichenvorrat hat also den Umfang $N = \infty$. Endlicher Störpegel und die Forderung, daß der Empfänger die Amplituden unterscheiden muß, begrenzen N. Dennoch ist $N = \infty$ eine gute mathematische Annäherung an den Fall sehr großen Zeichenvorrats N.

Die Zeichen x bilden eine kontinuierliche Folge. w(x) heißt die Verteilungsdichtefunktion der Wahrscheinlichkeit. Die Wahrscheinlichkeit, daß die Amplitude zwischen $x_i + \Delta x$ und x_i liegt, ist $\Delta p = \int_{x_i}^{x_i+\Delta x} w(x)dx$.

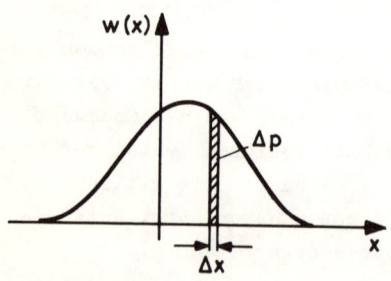

Bild 12 Wahrscheinlichkeitsdichteverteilung

Bild 12 zeigt einen Verlauf von w(x).

$W(x) = \int_{-\infty}^{x} w(u)du$ heißt Verteilungsfunktion der Wahrscheinlichkeit.

Es gilt

$$\lim_{x \to \infty} W(x) = \int_{-\infty}^{+\infty} w(x)dx = 1 .$$

$E\big[g(x)\big] = \overset{+\infty}{\underset{-\infty}{\int}} g(x)\, w(x)\, dx$ heißt der Erwartungswert von $g(x)$.

Für $g(x) = x^n$ ergeben sich als Erwartungswerte die sogenannten Nullmomente

$$\mu_n = E\left[x^n\right] = \overset{+\infty}{\underset{-\infty}{\int}} x^n\, w(x)\, dx \ .$$

Stets gilt $\mu_0 = 1$, μ_1 ist der arithmetische Mittelwert, μ_2 die Leistung der Folge x mit der Wahrscheinlichkeitsdichte $w(x)$.

Für $g(x) = (x-\mu_1)^n$ ergeben sich als Erwartungswerte die sogenannten Zentralmomente

$$m_n = E\left[(x-\mu_1)^n\right] = \overset{+\infty}{\underset{-\infty}{\int}} (x-\mu_1)^n\, w(x)\, dx \ .$$

Stets gilt $m_0 = 1$, $m_1 = 0$.

$m_2 = \mu_2 - 2\mu_1\mu_1 + \mu_1{}^2 = \mu_2 - \mu_1{}^2 = \sigma^2$ heißt Varianz, m_3 Schiefe und m_4 Wölbung der Folge x. Bei $m_3 = 0$ ist $w(x)$ symmetrisch zu μ_1 .

Entsprechend den Verbundwahrscheinlichkeiten für diskrete Zeichen gibt es auch Verbundwahrscheinlichkeitsdichteverteilungen. Für zwei kontinuierlich verteilte Zeichen x,y sind die wesentlichen Beziehungen im folgenden zusammengestellt :

$$\overset{+\infty}{\underset{-\infty}{\int}}\overset{+\infty}{\underset{-\infty}{\int}} w(x,y)dx\cdot dy = 1 \ , \ w(x) = \overset{+\infty}{\underset{-\infty}{\int}} w(x,y)dy \ , \ w(y) = \overset{+\infty}{\underset{-\infty}{\int}} w(x,y)dx$$

$$w(y\,|\,x)\cdot w(x) = w(x,y) \ , \quad w(x\,|\,y)\cdot w(y) = w(x,y)$$

$$\overset{+\infty}{\underset{-\infty}{\int}} w(y\,|\,x)dy = 1 \qquad\qquad \overset{+\infty}{\underset{-\infty}{\int}} w(x\,|\,y)dx = 1$$

Gehören x und y zum gleichen Zeichenvorrat, so muß die Zuordnung der Zeichen zu x bzw. y beachtet werden.

Die Bedingung für statistische Unabhängigkeit der Variablen x und y lautet :

$$w(x,y) = w(x)\cdot w(y) \ .$$

26

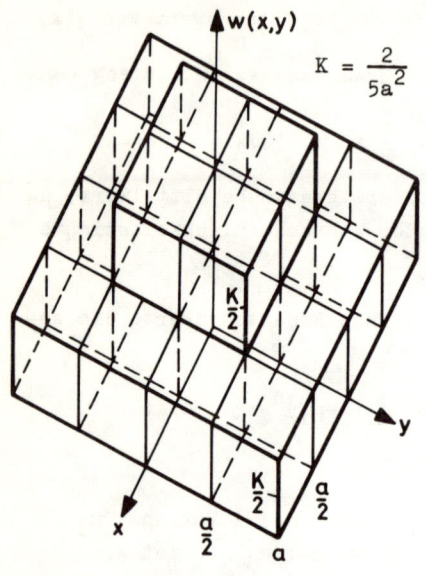

$K = \dfrac{2}{5a^2}$

Bild 13 gibt ein Beispiel für eine Verbundwahrscheinlichkeitsdichtevertteilung, und Bild 14 zeigt die daraus berechneten Wahrscheinlichkeitsdichten $w(x)$ und $w(y)$.

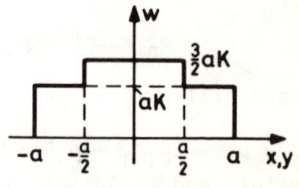

Bild 13 Beispiel für $w(x,y)$

Bild 14 $w(x)$, $w(y)$ für Bild 13

Für die Verbundwahrscheinlichkeitsdichte $w(x,y)$ ergeben sich

Nullmoment $\mu_{ij} = E[x^i y^j] = \int\limits_{-\infty}^{+\infty} \int\limits_{-\infty}^{+\infty} x^i \cdot y^j \, w(x,y) \, dx \, dy$

Zentralmomente 2. Ordnung

$$m_{20} = E\left[(x-\mu_{10})^2\right] = \mu_{20} - \mu_{10}^2 = \sigma_x^2 \qquad \text{Varianz}$$

$$m_{02} = E\left[(y-\mu_{01})^2\right] = \mu_{02} - \mu_{01}^2 = \sigma_y^2 \qquad \text{Varianz}$$

$$m_{11} = E\left[(x-\mu_{10})(y-\mu_{01})\right] = \mu_{11} - \mu_{01}\mu_{10} = \sigma_{xy}^2 \quad \text{Kovarianz}$$

Bei statistischer Unabhängigkeit der Variablen x und y ist

$$\mu_{11} = \int\limits_{-\infty}^{+\infty} \int\limits_{-\infty}^{+\infty} xy \cdot w(x,y) \cdot dx \, dy = \int\limits_{-\infty}^{+\infty} x \cdot w(x) \cdot dx \int\limits_{-\infty}^{+\infty} y \cdot w(y) \cdot dy$$

$$\mu_{11} = \mu_{10}\mu_{01} \quad \text{also} \quad m_{11} = 0$$

Für das Beispiel in Bild 13 ergibt die Berechnung der Kovarianz $m_{11} = \mu_{11} = 0$. Bildet man aus $w(x)$ und $w(y)$ nach Bild 14 die Verbundwahrscheinlichkeitsdichte $w(x) \cdot w(y)$, so erkennt man, daß die Darstellung in Bild 15 sich von der in Bild 13 unterscheidet. In Bild 13 sind die Zeichen oder Variablen x und y nur unkorreliert, in Bild 15 sind sie statistisch unabhängig bei gleichem $w(x)$ und $w(y)$. In beiden Fällen ist $m_{11} = 0$. Statistische Unabhängigkeit ist die umfassende Bedingung und schließt die Unkorreliertheit ein. Aber die Zeichen x und y können auch bei statistischer Abhängigkeit unkorreliert sein, wie das Beispiel in Bild 13 zeigt.

Ein einfaches Beispiel für Wahrscheinlichkeitsdichtefunktionen zeigt Bild 16.

Bild 16   Wahrscheinlichkeitsdichte und Verteilungsfunktion für die Rechteckverteilung

$$h_1 = \frac{9}{4} a^2 K^2$$

$$h_2 = \frac{3}{2} a^2 K^2$$

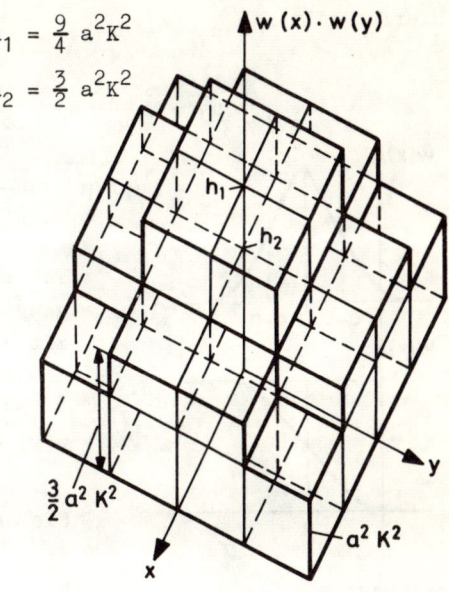

Bild 15   Verbundwahrscheinlichkeitsdichte für statistisch unabhängige Variable x und y

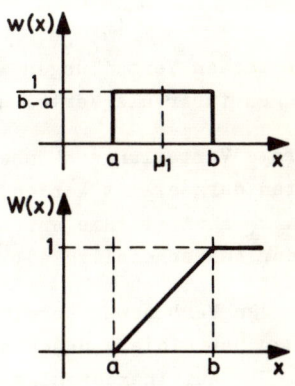

Hierfür gilt
$$\mu_1 = \frac{1}{2}(a+b)$$

$$\mu_2 = \int_a^b \frac{x^2}{b-a}\, dx = \frac{1}{3}(b^2+ab+a^2)$$

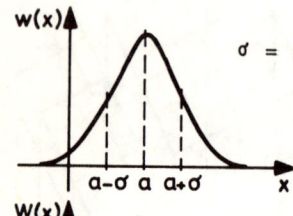

$$\sigma = \sqrt{\mu_2 - \mu_1^2} = \frac{b-a}{2\sqrt{3}}$$

Von besondere Bedeutung ist die gaußsche Verteilung (Bild 17) mit der Wahrscheinlichkeitsdichte

$$w(x) = \frac{1}{\sqrt{2\pi\sigma^2}}\,\exp\left[\frac{-(x-a)^2}{2\sigma^2}\right]$$

Sie hat die Eigenschaften

$$\mu_0 = 1\ ,\ \mu_1 = a\ ,\ \mu_2 = \sigma^2 + a^2$$

$$m_1 = 0\ ,\ m_2 = \sigma^2$$

Bild 17 Wahrscheinlichkeitsdichte und Verteilungsfunktion der gaußschen Verteilung

$$m_n = 1\cdot3\cdot5\ \ldots\ (n-1)\,\sigma^n \quad \text{bei geradem } n$$

und
$$m_n = 0 \qquad\qquad\qquad \text{bei ungeradem } n$$

Diese beiden Verteilungen werden gern als mathematische Näherungen für reale Verteilungen benutzt.

Diskrete Verteilungen können auch als Wahrscheinlichkeitsdichten dargestellt werden, wenn die Variable x nur diskrete Werte x_i annimmt. Sie erscheinen dann als Impulse bei $x = x_i$ mit der Wahrscheinlichkeit $p(x_i)$ als Fläche der Impulse.

Unter den Verbundwahrscheinlichkeitsdichten über mehrere Zeichen haben die gaußschen Verteilungen besondere Bedeutung. Die Aufeinanderfolge von Zeichen mit solcher Vertei-

lung werden auch Normalprozesse genannt. Ein Normalprozeß
n-ter Ordnung wird durch eine Verbundwahrscheinlichkeitsdichte mit n+1 Variablen beschrieben. Z.B. sind für einen
einfachen Normalprozeß 1. Ordnung mit einer Verbundwahrscheinlichkeitsdichte

$$w(x,y) = \frac{1}{2\pi\sigma^2(1-\varrho^2)^{1/2}} \exp\left[-\frac{x^2-2\varrho xy+y^2}{2\sigma^2(1-\varrho^2)}\right]$$

die wichtigsten Eigenschaften :

$$w(x) = \int_{-\infty}^{+\infty} w(x,y)\, dy = \frac{1}{\sqrt{2\pi\sigma^2}} \exp\left[-\frac{x^2}{2\sigma^2}\right]$$

$$w(y) = \frac{1}{\sqrt{2\pi\sigma^2}} \exp\left[-\frac{y^2}{2\sigma^2}\right]$$

$$\mu_{10} = \mu_{01} = 0 \;,\quad \mu_{02} = \mu_{20} = m_{02} = m_{20} = \sigma_x^2 = \sigma_y^2 = \sigma^2$$

$$m_{11} = \mu_{11} = \int_{-\infty}^{+\infty}\int_{-\infty}^{+\infty} xy w(x,y)\, dx\, dy = \varrho \cdot \sigma^2$$

Auf S.145 u. 146 wird die Lösung dieser Integrale angegeben.

An diesen Eigenschaften erkennt man, daß bei Unkorreliertheit von x und y, also $\mu_{11} = 0$ bzw. $\varrho = 0$, $w(x,y)$ stets in
die Faktoren $w(x)\cdot w(y)$ auftrennbar ist; d.h. x und y sind
statistisch unabhängige Variable.

Normalprozesse haben vor allem die Eigenschaft, daß durch
lineare Transformation ihrer Zeichen bzw. Variablen x,y in
die Variablen ξ,η neue Normalprozesse entstehen. Die lineare Transformation erfolgt mit

$$x = a_{11}\xi + a_{12}\eta \;,\quad y = a_{21}\xi + a_{22}\eta$$

Durch Einsetzen in $w(x,y)$ ergibt sich für die neue Verbundwahrscheinlichkeitsdichte

$$w(\xi,\eta) = \frac{1}{2\pi\sigma^2(1-\varrho^2)^{1/2}} \exp\left[-\frac{A\xi^2-2\cdot C\cdot\xi\eta+B\eta^2}{2\sigma^2(1-\varrho^2)}\right]$$

mit $\quad A = a_{11}^2 + a_{21}^2 - 2\varrho a_{11}a_{21}, \quad B = a_{22}^2 + a_{12}^2 - 2\varrho a_{22}a_{12}$

$\quad\quad C = \varrho(a_{11}a_{22} + a_{21}a_{12}) - a_{11}a_{12} - a_{21}a_{22}$

Die Transformation kann dabei so gewählt werden, daß der neue Normalprozeß unkorrelierte Variable ξ, η besitzt. Dazu muß das neue $\mu_{11} = 0$ werden. Dies wird bei $C = 0$ erreicht, indem die Transformationskoeffizienten so gewählt werden, daß $(a_{11}a_{12}+a_{21}a_{22})/(a_{11}a_{22}+a_{21}a_{12}) = \varrho$ gilt. Dann wird

$$w(\xi,\eta) = \frac{1}{2\pi\sigma^2(1-\varrho^2)^{1/2}} \exp\left[-\frac{A\xi^2+B\eta^2}{2\sigma^2(1-\varrho^2)}\right] = w(\xi)\,w(\eta) \ ,$$

$$w(\xi) = \frac{1}{\sqrt{2\pi\sigma_1^2}} \exp\left[-\frac{\xi^2}{2\sigma_1^2}\right] \text{ mit } \sigma_1^2 = \frac{\sigma^2(1-\varrho^2)}{A}$$

$$w(\eta) = \frac{1}{\sqrt{2\pi\sigma_2^2}} \exp\left[-\frac{\eta^2}{2\sigma_2^2}\right] \text{ mit } \sigma_2^2 = \frac{\sigma^2(1-\varrho^2)}{B}$$

und $\quad \sigma_1 \sigma_2 = \sigma^2 (1-\varrho^2)^{1/2}$.

Durch eine weitere Bedingung an die Transformationskoeffizienten kann noch $\sigma_1 = \sigma_2$ und damit $w(\xi) = w(\eta)$ bei $\xi = \eta$ erreicht werden.

Eine Folge von Ereignissen x wird, wenn sie eine zeitliche Aufeinanderfolge x(t) ist, Prozeß genannt. Zufällige Folgen über der Zeit, wie es ja Nachrichten sind, heißen stochastische Prozesse. Die Menge aller möglichen Funktionen x(t), die als stochastische Prozesse unter gleichen Voraussetzungen auftreten können, bilden ein Ensemble. Irgendeine bestimmte Funktion des Ensembles wird Probefunktion genannt.

Wenn zu allen Zeiten t die Erwartungswerte, gebildet über die Zeichen, die die Funktionen x(t) des Ensembles zu einer Zeit t annehmen, die gleiche Größe haben, heißt der Prozeß <u>stationär</u>.

Wenn die Ensemble-Erwartungswerte die gleiche Größe haben
wie die entsprechenden Erwartungswerte, gebildet über die
Zeichenfolge der Probefunktion, heißt der Prozeß ergodisch.

Für stationäre, ergodische Prozesse gilt daher

$$E\left[x^n(t)\right] = \int_{-\infty}^{+\infty} x^n(t)w\left[x(t)\right]\,dx(t) = \overline{x^n(t)} = \lim_{T\to\infty} \frac{1}{T} \int_{-T/2}^{+T/2} x^n(t)dt$$

Wegen der Stationärität ist $E\left[x^n(t)\right] = \mu_n(t)$ von t unabhängig. Bei Verbundprozessen mit zwei Variablen $x(t_1)$ und $y(t_2)$
wird

$$E\left[x(t_1)\cdot y(t_2)\right] = \int_{-\infty}^{+\infty}\int_{-\infty}^{+\infty} x(t_1)y(t_2)w\left[x(t_1),y(t_2)\right]\,dx(t_1)dy(t_2)$$

$$= \mu_{11}(t_1,t_2)\ .$$

Hier ist wegen der Stationarität $\mu_{11}(t_1,t_2)$ nur von $t_2-t_1 = \tau$
abhängig. So ergeben sich :

$$\mu_{11}(\tau) = \lim_{T\to\infty}\frac{1}{T}\int_{-T/2}^{+T/2} x(t)y(t+\tau)dt = \varphi_{xy}(\tau) \quad \text{als Kreuzkorrelationsfunktion (KKF)}$$

und bei Wahl der Variablen x und y aus dem selben Prozeß
x(t), nur zu verschiedenen Zeiten t_1 und t_2

$$\mu_{11}(\tau) = \lim_{T\to\infty}\frac{1}{T}\int_{-T/2}^{+T/2} x(t)x(t+\tau)dt = \varphi_{xx}(\tau) \quad \text{als Autokorrelationsfunktion (AKF)}$$

Die wichtigsten Eigenschaften der AKF sind :

$$\varphi_{xx}(\tau) = \varphi_{xx}(-\tau), \quad \varphi_{xx}(0) \geqq \varphi_{xx}(\tau)$$

Wird $\overline{x(t)} = 0$ vorausgesetzt, dann heißt $\varphi_{xx}(\tau) = 0$, Werte
der Funktion x(t) im Abstand τ sind unkorreliert. Für die
KKF bedeutet bei $\overline{x(t)} = 0$ und $\overline{y(t)} = 0$ $\varphi_{xy} = 0$ für alle τ,
die Prozesse x(t) und y(t) sind unkorreliert. Falls w(x) und
w(y) gaußsche Wahrscheinlichkeitsdichtefunktionen sind, bedeutet $\varphi_{xy} = 0$ statistische Unabhängigkeit von x und y.

Im allgemeinen können Nachrichten als stationäre und ergodische Prozesse behandelt werden.

Die Entropie einer Nachrichtenquelle mit einem kontinuierlichen Zeichenvorrat lautet :

$$H = \lim_{\Delta x \to 0} \sum_i w(x_i)\ \Delta x \cdot ld\ \frac{1}{w(x_i)\Delta x}$$

$$H = \int_{-\infty}^{+\infty} w(x)\ ld\ \frac{1}{w(x)}\ dx + \lim_{\Delta x \to 0} \sum_i w(x_i)\ \left(ld\ \frac{1}{\Delta x}\right) \Delta x$$

Dabei wird der 2. Term in der Entropie H sehr groß. Stellt man sich den Signalaussteuerungsbereich für x in N gleiche Teile der Breite Δx aufgeteilt vor, so wird der 2. Term den von $w(x)$ unabhängigen Wert $ld\ \frac{1}{\Delta x}$ annehmen.

$$H = \int_{-\infty}^{+\infty} w(x)\ ld\ \frac{1}{w(x)}\ dx + \lim_{\Delta x \to 0}\ ld\ \frac{1}{\Delta x}$$

Da in der Nachrichtentheorie meistens nur Entropiedifferenzen vorkommen, fällt der 2. Term heraus, und man kann für einen kontinuierlichen Zeichenvorrat

$$H(x) = \int_{-\infty}^{+\infty} w(x)\ ld\ \frac{1}{w(x)}\ dx$$

definieren. Dabei ist, wie auf S.20, statistische Unabhängigkeit der Zeichen x von den vorhergehenden Zeichen des Prozesses vorausgesetzt. Die Entropie ist unabhängig vom Mittelwert $\overline{x}$, da

$$\int_{-\infty}^{+\infty} w(x)\ ld\ \frac{1}{w(x)}\ dx = \int_{-\infty}^{+\infty} w(x-\overline{x})\ ld\ \frac{1}{w(x-\overline{x})}\ dx$$

gilt. So ergibt sich für einen Normalprozeß 0. Ordnung

$$H = \int_{-\infty}^{+\infty} \frac{1}{\sqrt{2\pi\sigma^2}}\ exp\ \left(-\frac{x^2}{2\sigma^2}\right)\left[\frac{x^2}{2\sigma^2}\ lde + ld\ \sqrt{2\pi\sigma^2}\right] dx$$

$$H = \frac{lde}{2\sigma^2}\ \sigma^2 + \frac{1}{2}\ ld\ (2\pi\sigma^2) = \frac{1}{2}\ ld\ (2\pi e\sigma^2)$$

Wählt man eine von der gaußschen Wahrscheinlichkeitsdichte $w(x)$ mit der Entropie H_w abweichende Wahrscheinlichkeitsdichte $v(x)$ mit der Entropie H_v, aber gleicher Varianz, so gilt, wie man durch Einsetzen von $w(x)$ nachprüfen kann

$$H_w = \int_{-\infty}^{+\infty} w(x)\ ld\ \frac{1}{w(x)}\ dx = \int_{-\infty}^{+\infty} v(x)\ ld\ \frac{1}{w(x)}\ dx$$

und mit der Ungleichung von Bild 11

$$H_V - H_W = \int_{-\infty}^{+\infty} v(x) \; ld \; \frac{w(x)}{v(x)} \; dx \leqq \int_{-\infty}^{+\infty} v(x) \left[\frac{w(x)}{v(x)} - 1 \right] lde \; dx = 0$$

Der Normalprozeß 0. Ordnung hat unter allen Wahrscheinlichkeitsdichten gleicher Varianz die höchste Entropie.

Neben dem Normalprozeß hat auch die Gleichverteilung als Annäherung an reale Prozesse Bedeutung. Bild 18 zeigt, daß dabei die Aussteuerungsgrenzen maßgebliches Kennzeichen der Wahrscheinlichkeitsdichte sind.
Ihre Entropie ergibt sich zu
$H_g = ld \; (2a)$.

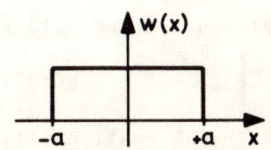

Ähnlich wie bei der gaußschen Verteilung läßt sich zeigen, daß unter allen Wahrscheinlichkeitsdichten $v(x)$ bei gleichen Aussteuerungsgrenzen $\pm$ a die Gleichverteilung

Bild 18   Wahrscheinlichkeitsdichte der Gleichverteilung

die maximale Entropie besitzt. Es gilt

$$H_V - H_g = \int_{-a}^{+a} v(x) \; ld \; \frac{1}{2a \cdot v(x)} \; dx \leqq \int_{-a}^{+a} v(x) \left[\frac{1}{2a \cdot v(x)} - 1 \right] lde \, dx = 0$$

Das entspricht dem auf S.21 dargestellten Ergebnis für diskrete Verteilungen.

Aufgabe 8 :

Für eine Wahrscheinlichkeitsdichte $w(x)$ mit gegebenem Aussteuerbereich $a > x > -a$ nach Bild 19 sind die Varianz σ^2 und die Entropie H zu bestimmen.

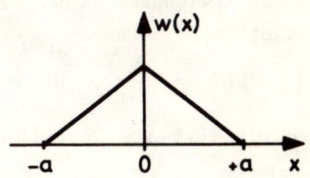

Bild 19   Wahrscheinlichkeitsdichte der Dreiecksverteilung

3. Signaldarstellung

3.1. Signaldarstellung im Zeit- und Frequenzbereich

Das Signal als physikalische Realisierung der Nachricht
tritt in einem elektrischen Übertragungssystem als elektrische Größe und als Funktion der Zeit t aus der Quelle
(Bild 1).

Ein Signal u(t) läßt sich auch eindeutig beschreiben durch
eine Funktion U(f) der Frequenz f, die durch die Fouriertransformation aus u(t) berechnet wird :

$$U(f) = \int_{-\infty}^{+\infty} u(t) \cdot e^{-j2\pi f t} \, dt \ .$$

Diese Transformation soll abgekürzt u(t)o——•U(f) geschrieben
werden und ist umkehrbar :

$$u(t) = \int_{-\infty}^{+\infty} U(f) \cdot e^{j2\pi f t} \, df \ .$$

U(f) heißt Amplitudendichtespektrum des Signals. Das durch
die Transformation miteinander verknüpfte Funktionspaar
u(t),U(f) heißt Korrespondenz. Die Fouriertransformation
gilt für Signale, für die u(t) im allgemeinen nur endliche
Werte annimmt und bei t = ±∞ Null wird.

Ersetzt man die Frequenz f durch p/j2π, erweitert p ins Komplexe mit Re(p) = x > 0 und beschränkt sich auf Signale u(t),
die für t < 0 Null sind, so erhält man die Laplacetransforma-
tion mit

$$u(t) = \frac{1}{2\pi j} \int_{x-j\infty}^{x+j\infty} U(p) \cdot e^{pt} \, dp \ \text{o——•} \ U(p) = \int_{0}^{\infty} u(t) \cdot e^{-pt} \, dt$$

Hier entfällt die Beschränkung, daß u(t) = 0 bei t = +∞
sein muß.

Periodische Funktionen u(t) mit der Periode T bzw. der
Grundfrequenz f_0 = 1/T lassen sich in bekannter Weise als
Fourierreihe darstellen. Diese Darstellung läßt sich auch

als $u(t) \circ\!\!-\!\!\bullet c_n$ auffassen mit

$$u(t) = \sum_{n=-\infty}^{n=+\infty} c_n \cdot e^{j2\pi n f_0 t} \circ\!\!-\!\!\bullet c_n = \frac{1}{T} \int_0^T u(t) \cdot e^{-j2\pi n f_0 t} \, dt$$

Die Fourierkoeffizienten c_n sind Frequenzlinien bei den Frequenzen $n f_0$, also positiv und negativ ganzzahligen Vielfachen der Grundfrequenz.

Bei der Fouriertransformation kann man reelle und imaginäre, gerade und ungerade Anteile in $u(t)$ und $U(f)$ einander zuordnen, wie auf S.147 nachgewiesen wird.

$$u(t) = u_{RG} + u_{RU} + ju_{IG} + ju_{IU}$$
$$U(f) = U_{RG} + U_{RU} + jU_{IG} + jU_{IU}$$

Daraus ergibt sich, daß zu reellem $u(t)$ ein komplexes $U(f)$ gehört mit geradem Realteil und ungeradem Imaginärteil.

Folgende Grundregeln erleichtern das Arbeiten mit diesen Transformationen (ihr Nachweis erfolgt auf S.147 und 148) :

Verschiebungssätze

$u(t-\tau) \circ\!\!-\!\!\bullet U(f) \cdot e^{-j2\pi f t}$ $u(t) \cdot e^{j2\pi F t} \circ\!\!-\!\!\bullet U(f-F)$

$u(t-\tau) \circ\!\!-\!\!\bullet U(p) \cdot e^{-p\tau}$ $(\tau > 0)$ $u(t) \cdot e^{-at} \circ\!\!-\!\!\bullet U(p+a)$

$u(t-\tau) \circ\!\!-\!\!\bullet c_n \cdot e^{-j2\pi n f_0 \tau}$ $u(t) \cdot e^{j2\pi F t} \circ\!\!-\!\!\bullet c_{n-(F/f_0)}$

Differentiation

$\dot{u}(t) \circ\!\!-\!\!\bullet j2\pi f \cdot U(f)$

$\dot{u}(t) \circ\!\!-\!\!\bullet pU(p) - u(+0)$

$\dot{u}(t) \circ\!\!-\!\!\bullet j2\pi n f_0 c_n$

Integration

$\int_{-\infty}^t u(x) dx \circ\!\!-\!\!\bullet \frac{1}{j2\pi f} U(f) \quad \left[U(0)=0\right]$

$\int_0^t u(x) dx \circ\!\!-\!\!\bullet \frac{1}{p} U(p)$

$\int_0^t u(x) dx \circ\!\!-\!\!\bullet \frac{1}{j2\pi n f_0} c_n \quad (c_0=0)$

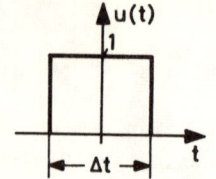

Bild 20   Rechteck

Beispiel 3 :

Für die Rechteckfunktion u(t)
(Bild 20) berechnet man die
Fouriertransformierte zu

$$U(f) = \int_{-\frac{1}{2}\Delta t}^{+\frac{1}{2}\Delta t} 1 \cdot e^{-j2\pi f t}\, dt = -\frac{1}{j2\pi f}\left[e^{-j\pi f \cdot \Delta t} - e^{j\pi f \cdot \Delta t}\right]$$

$$U(f) = \frac{2\,j\,\sin(\pi f \cdot \Delta t)}{j\,2\pi f} = \Delta t \cdot \mathrm{si}(\pi f \cdot \Delta t)$$

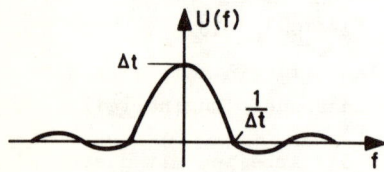

Bild 21   Fouriertransformierte
der Rechteckfunktion

Eine Tabelle der Funktion
$\mathrm{si}\, x = \dfrac{\sin x}{x}$ befindet sich
im Anhang S.143. Bild 21
zeigt den Verlauf von
U(f).

Wählt man die Amplitude der Rechteckfunktion zu $1/\Delta t$ und
läßt Δt gegen Null gehen, so ergibt sich der Impuls $\delta(t)$.
Seine Fouriertransformierte hat den konstanten Wert 1,
$\delta(t) \circ\!\!-\!\!\bullet\, 1$, wie aus dem Bild 21 beim Grenzübergang $\Delta t \longrightarrow 0$
folgt. Eine später häufig benutzte Eigenschaft der Impuls-
funktion lautet :

$$\int_{-\infty}^{+\infty} \delta(t)\,dt = 1 \ , \quad \int_{-\infty}^{+\infty} f(t)\, \delta(t-t_o)\,dt = f(t_o)$$

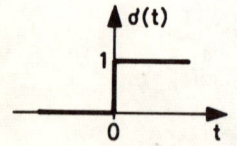

Bild 22   Sprungfunktion

Die Sprungfunktion $\sigma(t) = \int_{-\infty}^{t}\delta(x)dx$
(Bild 22) hat die Fouriertrans-
formierte $\sigma(t) \circ\!\!-\!\!\bullet\, \dfrac{1}{j2\pi f}$, wie
aus der Integrationsregel folgt.
Diese Korrespondenz ist allerdings mit Vorsicht zu benutzen,

37

da für den Impuls $U(0) \neq 0$ und für $t \to \infty$ $\sigma(t) \neq 0$ ist. Aber sie ist z.B. anwendbar, wenn man die Rechteckfunktion nach Bild 20 als

$$u(t) = \sigma(t + \frac{1}{2} \Delta t) - \sigma(t - \frac{1}{2} \Delta t)$$

schreibt. Dann gilt mit dem Verschiebungssatz

$$U(f) = \frac{1}{j\,2\pi f} e^{j\,\pi\,f\cdot\Delta t} - \frac{1}{j\,2\pi f} e^{-j\,\pi\,f\cdot\Delta t} = \Delta t \; si(\,\pi\,f\cdot\Delta t)\;.$$

Betrachtet man die Bestimmungsgleichungen der Fouriertransformation, so ist die Transformation vom Zeit- in den Frequenzbereich sehr ähnlich derjenigen vom Frequenz- in den Zeitbereich. Daraus folgt die Dualität der Korrespondenzen, d.h. die Vertauschbarkeit von f und t. So gilt für Bild 23

$$U(f) = \sigma(f+f_c) - \sigma(f-f_c) \bullet\!\!-\!\!\circ u(t) = 2f_c \cdot si(2\pi f_c t)$$

$$\delta(f) \bullet\!\!-\!\!\circ 1 \quad , \qquad \delta(f-f_0) \bullet\!\!-\!\!\circ e^{j2\pi f_0 t}$$

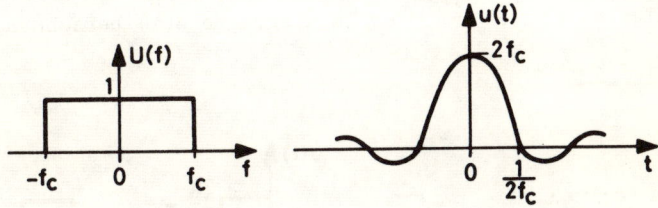

Bild 23   Rechteckamplitudendichtespektrum

Mit Hilfe von Frequenzimpulsen läßt sich berechnen :

$$\cos 2\pi f_0 t = \frac{1}{2} \left[e^{j2\pi f_0 t} + e^{-j2\pi f_0 t} \right] \circ\!\!-\!\!\bullet \frac{1}{2} \left[\delta(f-f_0) + \delta(f+f_0) \right]$$

Aufgabe 9 :

Für die Zeitfunktionen

$$\sigma(t) \cdot e^{-at} \qquad\qquad und \qquad\qquad e^{-a|t|}$$

sind die Fouriertransformierten $U(f)$ zu bestimmen.

In gleicher Weise mit Hilfe des Transformationsintegrals oder der Grundregeln erhält man die folgenden Korrespondenzen der Laplace-Transformation (s. Seite 149)

$$\sigma(t) = 1 \circ\!\!-\!\!\bullet \frac{1}{p} \ , \quad e^{at} \circ\!\!-\!\!\bullet \frac{1}{p-a} \ , \quad t^n \circ\!\!-\!\!\bullet \frac{n!}{p^{n+1}}$$

$$e^{j\omega t} \circ\!\!-\!\!\bullet \frac{1}{p-j\omega} = \frac{p+j\omega}{p^2+\omega^2} \ , \quad \cos\omega t \circ\!\!-\!\!\bullet \frac{p}{p^2+\omega^2} \ , \quad \sin\omega t \circ\!\!-\!\!\bullet \frac{\omega}{p^2+\omega^2}$$

Entsprechendes gilt auch bei periodischen Funktionen für die Fourierreihendarstellung. So haben periodische Impulse mit der Impulsfläche K und der Periode T die Fourierkoeffizienten $c_n = K/T$. Anhand von Beispiel 4 soll nun eine Methode zur Berechnung von Fourierkoeffizienten vorgestellt werden : Ein geradlinig-geknickter periodischer Linienzug $u(t) \circ\!\!-\!\!\bullet c_n$ läßt sich durch mehrfaches Differenzieren in eine periodische Impulsgruppenfolge umwandeln. Mit Hilfe von Verschiebungssatz und Integrationsregel lassen sich die Fourierkoeffizienten $(j2\pi n f_0)^2 c_n$ der Impulsgruppe $\ddot{u}(t)$ berechnen.

Beispiel 4 :

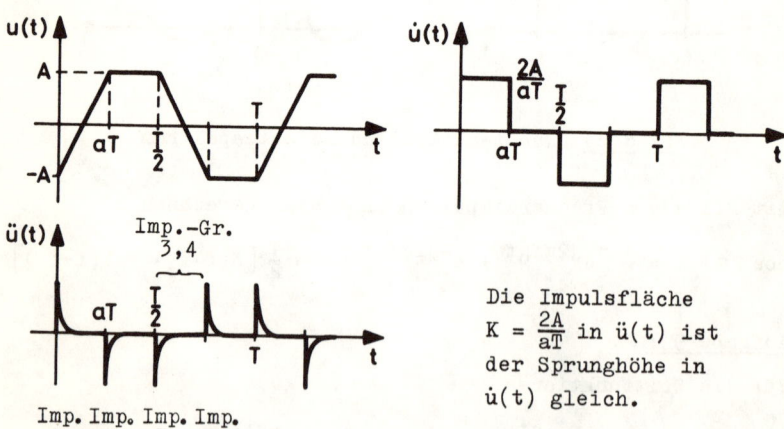

Die Impulsfläche $K = \frac{2A}{aT}$ in $\ddot{u}(t)$ ist der Sprunghöhe in $\dot{u}(t)$ gleich.

$$(j2\pi n f_0)^2 \cdot c_n = \frac{2A}{aT^2}\left[1 - e^{-j2\pi n f_0 aT} - e^{-j2\pi n f_0 \frac{T}{2}} + e^{-j2\pi n f_0 (\frac{T}{2}+aT)}\right]$$

$$c_n = \frac{1}{(j2\pi n f_0)^2} \cdot \frac{2A}{aT^2} \cdot \left(1 - e^{-j2\pi n a}\right) \cdot \left(1 - e^{-j\pi n}\right)$$

zweimaliges Integrieren	$\frac{K}{T}$	Imp. 1	Imp. 2	I.-Gr. 1,2	I.-Gr. 3,4

Viele Signale lassen sich durch einen geradlinig-geknickten Linienzug annähern und dann nach dieser Methode in den Frequenzbereich transformieren. Allerdings läßt sich der Fourierkoeffizient c_0 hierbei nicht bestimmen; er muß als zeitlicher Mittelwert von $u(t)$ berechnet werden. Einige Aufgaben sollen dies erläutern.

Aufgabe 10 :

Für folgende periodische Zeitfunktionen sind die Fourierkoeffizienten c_n zu bestimmen :

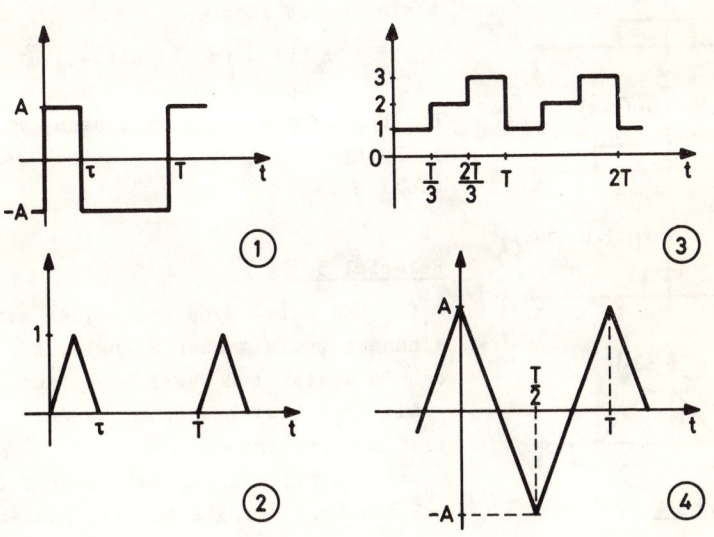

Insbesondere sind die Werte für c_o anzugeben.

Für die Fälle 1 und 2 ist c_n bei den Werten von $\tau/T = 0,1$; $0,3$; $0,5$ und $0,9$ zu bestimmen und $|c_n|$ abhängig von n zu skizzieren.

Das in Beispiel 4 gezeigte Verfahren läßt sich auch bei zeitbegrenzten Signalen für die Fouriertransformation anwenden.

Besondere Bedeutung hat die Operation der Faltung. Sie ist definiert durch

$$u_1(t) * u_2(t) = \int_{-\infty}^{+\infty} u_1(\tau)\, u_2(t-\tau)d\tau \;\circ\!\!\!-\!\!\!\bullet\; U_1(f)\cdot U_2(f)$$

$$U_1(f) * U_2(f) = \int_{-\infty}^{+\infty} U_1(\varphi)\, U_2(f-\varphi)d\varphi \;\bullet\!\!\!-\!\!\!\circ\; u_1(t)\cdot u_2(t)$$

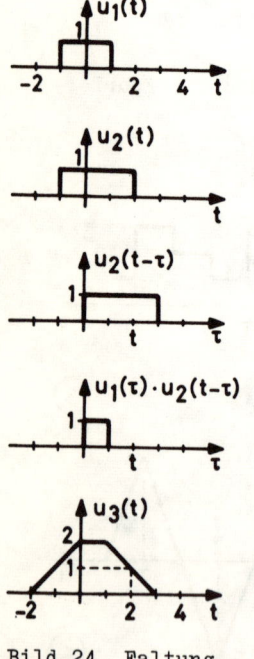

Bild 24 Faltung

Wie für die Multiplikation gilt auch für die Faltung $u_1 * u_2 = u_2 * u_1$ und $(u_1 * u_2) * u_3 = u_1 * (u_2 * u_3)$. Bei $u_1(t) = 0$ und $u_2(t) = 0$ für $t < 0$ ergibt sich

$$u_1(t) * u_2(t) = \int_0^t u_1(\tau)\, u_2(t-\tau)\, d\tau \;.$$

Das Faltungsintegral läßt sich, wie in Beispiel 5 gezeigt, grafisch darstellen :

Beispiel 5 :

$u_1(t)$ und $u_2(t)$ sind die beiden miteinander zu faltenden Signale. Für den Parameter $t=2$ des Faltungsintegrals ergibt sich nebenstehender Verlauf des Integranden (Bild 24). $u_3(t) = u_1(t) * u_2(t)$ hat daher für $t=2$ den Wert der Fläche $1\cdot 1$. Dieser

Vorgang, für alle t ausgeführt, ergibt $u_3(t)$.

Den oft benötigten Ausdruck $\int\limits_{-\infty}^{+\infty}|U(f)|^2 df$ kann man nach dem
sogenannten Parseval'schen Satz auch aus $u(t)$ berechnen. Es
gilt für $u(t) \circ\!\!-\!\!\bullet U(f)$

$$\int\limits_{-\infty}^{+\infty} u(t)\cdot u(t)e^{-j2\pi ft}dt = U(f)*U(f) = \int\limits_{-\infty}^{+\infty} U(\varphi)\cdot U(f-\varphi)d\varphi \quad .$$

Bei reellem $u(t)$ ist $U(-\varphi) = U^*(\varphi)$, U^* konjugiert komplexe
Größe zu U. Daher wird

$$\int\limits_{-\infty}^{+\infty} u^2(t)dt = \int\limits_{-\infty}^{+\infty} U(\varphi)\cdot U(-\varphi)d\varphi = \int\limits_{-\infty}^{+\infty} U(\varphi)U^*(\varphi)d\varphi = \int\limits_{-\infty}^{+\infty} |U(f)|^2 df \quad .$$

Eine wichtige Anwendung findet die Fouriertransformation für
die Bestimmung der Signalveränderungen beim Durchgang durch
ein lineares Übertragungssystem mit seinem Übertragungsfaktor, der definiert ist durch $W(f) = U_2(f)/U_1(f)$ (Bild 25).

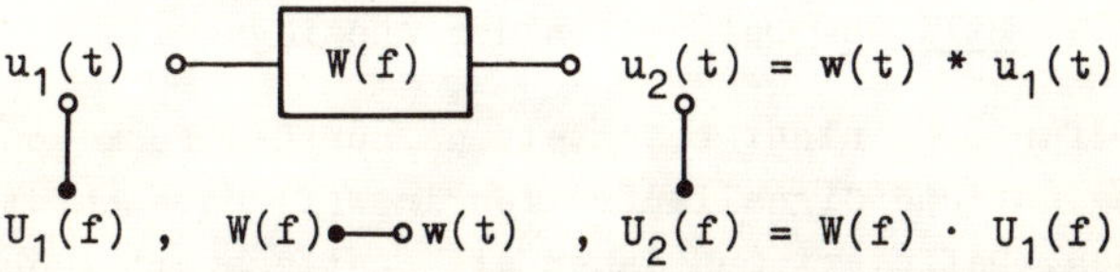

$$u_1(t) \circ \boxed{\quad W(f) \quad} \circ \quad u_2(t) = w(t) * u_1(t)$$

$$U_1(f) \quad , \quad W(f) \bullet\!\!-\!\!\circ w(t) \quad , \quad U_2(f) = W(f)\cdot U_1(f)$$

Bild 25 Lineares Übertragungssystem

Die Transformierte $w(t) \circ\!\!-\!\!\bullet W(f)$ heißt Impulsantwortfunktion
und beschreibt, genau wie $W(f)$, vollständig die Eigenschaf-
ten des Übertragungssystems. Der Name Impulsantwort rührt
daher, daß bei $u_1(t) = \delta(t)$

$$u_2(t) = \int\limits_{-\infty}^{+\infty} \delta(t-\tau)\,w(\tau)\,d\tau = w(t)\int\limits_{-\infty}^{+\infty} \delta(t-\tau)\,d\tau = w(t)$$

wird. Ein realisierbarer Übertragungsfaktor $W(f)$ hat stets
$w(t)=0$ für $t < 0$, weil sonst das Kausalitätsprinzip verletzt
würde. Neben der Impulsantwortfunktion hat noch die Sprungantwortfunktion Bedeutung. Für sie gilt

$$u_1(t) = \sigma(t) \quad , \quad u_2(t) = \int\limits_{-\infty}^{t} w(\tau)\,d\tau$$

Maßgebend für die Zeitdauer eines Signals sind die Größen
Grenzfrequenz und Anstiegszeit. Eine Änderung der Signalamplitude am Eingang des Übertragungssystems wird am Ausgang
mit der Anstiegszeit τ wiedergegeben. Da eine Nachricht aus
einer Folge von Amplitudenänderungen im Signal besteht, kann
die Zeitdauer einer Nachricht nie kleiner sein als die erforderliche Summe der Anstiegszeiten. Die Steigung der
Sprungantwortfunktion bei t=0 ist dem Wert der Impulsantwortfunktion w(0) gleich, wie Bild 26 zeigt. Hier wird

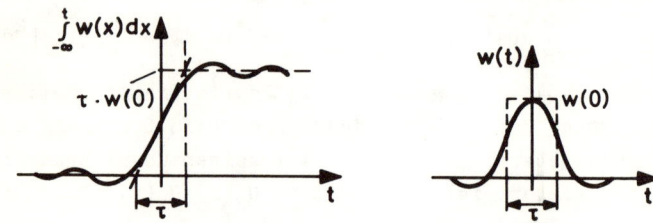

Bild 26 Definition der Anstiegszeit

w(t) = 0 für t < 0 nicht beachtet, da nur die Form von w(t)
Bedeutung hat und Signallaufzeiten in W(f) unbeachtet bleiben können. Definiert man daher die Anstiegszeit τ der

Sprungantwortfunktion durch $\tau \cdot w(0) = \int_{-\infty}^{+\infty} w(t)dt$ für die Impuls-

antwortfunktion und beachtet, daß aus $W(f) = \int_{-\infty}^{+\infty} w(t)e^{-j2\pi ft}dt$

sich $W(0) = \int_{-\infty}^{+\infty} w(t)dt$ ergibt, dann gilt $\tau \cdot w(0) = W(0)$. Defi-

niert man ferner die Grenzfrequenz f_c durch $2f_c W(0) = \int_{-\infty}^{+\infty} W(f)df$

und beachtet, daß aus $w(t) = \int_{-\infty}^{+\infty} W(f)e^{j2\pi ft}df$ sich

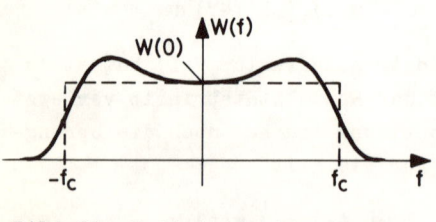

Bild 27 Definition der Grenzfrequenz

$w(0) = \int_{-\infty}^{+\infty} W(f)df$ ergibt,

so gilt $2f_c \cdot W(0) = w(0)$.
Daraus folgt die Bezie-
hung

$$\tau = \frac{1}{2f_c}$$

zwischen Anstiegszeit und Grenzfrequenz. Dabei wird das Übertragungssystem als Tiefpaß angenommen, dessen Grenzfrequenz zugleich die Bandbreite des Übertragungssystems ist.

<u>Aufgabe 11 :</u>

Ein Vierpol mit dem Übertragungsfaktor $W(f)$ hat eine Impulsantwortfunktion $w(t)$ nach Bild 28a. Zu berechnen sind :

1) der Übertragungsfaktor $W(f)$;

2) das Amplitudendichtespektrum $U_2(f)$ am Ausgang des Vierpols, wenn $u_1(t)$ nach Bild 28b auf den Eingang gegeben wird ;

3) der Verlauf der Ausgangsspannung $u_2(t)$.

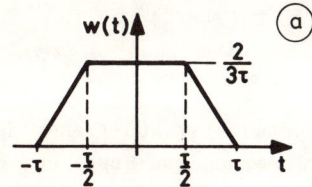 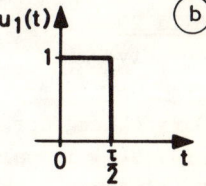

<u>Bild 28</u>

3.2. <u>Abtasttheoreme</u>

Abtasten heißt, ein Signal $u_0(t)$ durch eine Folge von äquidistanten Impulsen zu den Zeiten $t = nT_0$ darstellen, deren Impulsflächen dem jeweiligen Wert $u_0(nT_0)$ proportional sind. Bild 29 zeigt den Abtastvorgang.

Aus der Summe der Abtastimpulse $u(t)$ ergibt sich

$$u(t) \circ\!\!-\!\!\bullet\; U(f) = T_0 \sum_{n=-\infty}^{+\infty} u_0(nT_0)e^{-j2\pi f n T_0}$$

Das Spektrum $U(f)$ der abgetasteten Funktion $u(t)$ ist periodisch mit der Frequenz $f_0 = 1/T_0$, da $U(f) = U(f+mf_0)$ mit

44

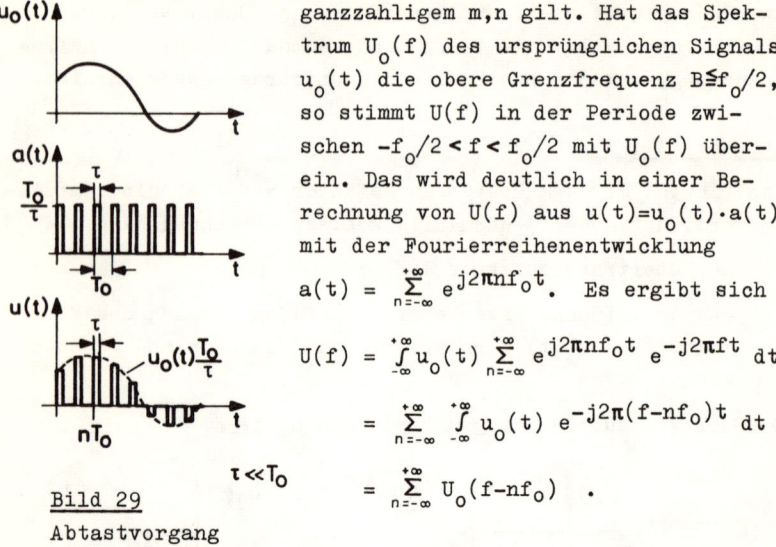

Bild 29
Abtastvorgang

ganzzahligem m,n gilt. Hat das Spektrum $U_0(f)$ des ursprünglichen Signals $u_0(t)$ die obere Grenzfrequenz $B \leqq f_0/2$, so stimmt $U(f)$ in der Periode zwischen $-f_0/2 < f < f_0/2$ mit $U_0(f)$ überein. Das wird deutlich in einer Berechnung von $U(f)$ aus $u(t)=u_0(t)\cdot a(t)$ mit der Fourierreihenentwicklung

$$a(t) = \sum_{n=-\infty}^{+\infty} e^{j2\pi n f_0 t}.$$ Es ergibt sich

$$U(f) = \int_{-\infty}^{+\infty} u_0(t) \sum_{n=-\infty}^{+\infty} e^{j2\pi n f_0 t}\, e^{-j2\pi f t}\, dt$$

$$= \sum_{n=-\infty}^{+\infty} \int_{-\infty}^{+\infty} u_0(t)\, e^{-j2\pi (f-n f_0)t}\, dt$$

$$\tau \ll T_0 \qquad = \sum_{n=-\infty}^{+\infty} U_0(f-n f_0) \ .$$

Die Darstellung der Spektren abgetasteter Funktionen zeigt Bild 30. $U(f)$ ist also die Überlagerung von Spektren, die aus $U_0(f)$ durch Verschieben von ganzzahligen Vielfachen von f_0 entstehen.

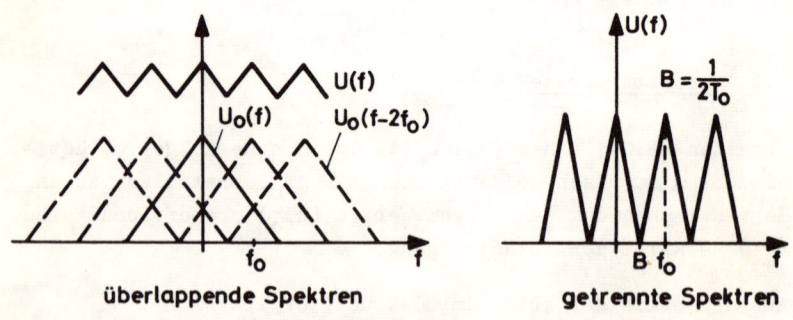

Bild 30 Spektren abgetasteter Funktionen

War also das Signal $u_0(t)$ bandbegrenzt auf $-B < f < B$ und wurde mit $T_0 \leqq 1/2B$ abgetastet, so kann $u_0(t)$ aus $u(t)$ durch einen Tiefpaß mit einem Übertragungsfaktor $W(f) = 1$ für

$|f| < f_c = 1/2T_0 \geqq B$ und $W(f) = 0$ für $|f| > f_c$ gewonnen werden.

$$u_0(t) = \int_{-f_c}^{+f_c} T_0 \sum_{n=-\infty}^{+\infty} u_0(nT_0)\, e^{-j2\pi f nT_0}\, e^{j2\pi ft}\, df$$

$$u_0(t) = T_0 \sum_{n=-\infty}^{+\infty} u_0(nT_0)\, \left. \frac{e^{j2\pi f(t-nT_0)}}{j2\pi(t-nT_0)} \right|_{-f_c}^{+f_c}$$

$$u_0(t) = \sum_{n=-\infty}^{+\infty} u_0(nT_0)\, \mathrm{si}\left(\pi\,\frac{t-nT_0}{T_0}\right)$$

D.h. eine bandbegrenzte Signalfunktion kann durch eine diskrete Folge von Werten ihres Verlaufs vollständig beschrieben werden. $u_0(t)$ läßt sich als eine Summe orthogonaler si-Funktionen darstellen (s.Anhang S.144). Koeffizienten der Reihe sind die Abtastwerte $u_0(nT_0)$ des Signals.

In Analogie zu diesem Abtasttheorem der Zeitfunktion kann man auch ein Abtasttheorem der Frequenzfunktion aufstellen. Diskrete Werte des Spektrums beschreiben die ganze Funktion. Es gilt

$$U(f) = \sum_{n=-\infty}^{+\infty} U(nf_1)\, \mathrm{si}\left(\pi\,\frac{f-nf_1}{f_1}\right)$$

Dazu gehört eine Zeitfunktion $u(t)$, die auf den Zeitbereich $-t_1 < t < t_1$ begrenzt ist, bei der $u(t) = 0$ für $|t| > t_1$ und $f_1 \leqq 1/2t_1$ gelten.

Ein frequenzbandbegrenztes Signal $u(t) \circ\!\!-\!\!\bullet U(f)$ mit $U(f) = 0$ für $|f| \geq B$ wird als auch zeitbegrenzt bezeichnet, wenn es durch endlich viele, diskrete Amplitudenwerte im Abstand $T_0 = 1/2B$ vollständig beschrieben wird. Ein solches Signal entspricht realen Signalen, die in Zeit und Frequenz praktisch begrenzt sind. Bei einer Signaldauer T und einer Grenzfrequenz B ergeben sich n diskrete Werte, die das Signal beschreiben. Es gilt

$$nT_0 = n\,\frac{1}{2B} = T \quad , \quad \text{also} \quad n = 2BT$$

Dasselbe Signal läßt sich auch als zeitbegrenztes Signal

auffassen, das durch endlich viele, diskrete Spektrallinien
vollständig beschrieben wird. Dann gilt nach dem Abtasttheorem der Frequenzfunktion

$$nf_1 = n \frac{1}{2t_1} = 2B = \frac{n}{T} \ , \quad \text{also} \quad n = 2BT \ .$$

Die n diskreten Werte können Amplitudenwerte der Zeitfunktion oder Spektrallinien der Frequenzfunktion sein. Zwischen
diesen n Werten im Zeitbereich besteht eine lineare Beziehung zu den n Werten im Frequenzbereich. Diese Beziehung ist
leicht zu berechnen, da ja zum abgetasteten Frequenzspektrum
eine periodisch über $\pm t_1$ fortgesetzte Zeitfunktion gehört.
Die Abtastwerte des Spektrums sind also die Fourierkoeffizienten dieser mit T periodischen Zeitfunktion. Die lineare
Beziehung ist die Transformation der Fourierreihe. Es gilt
für ihre Koeffizienten

$$c_\nu = \frac{1}{T} \int_0^T u(t) \ e^{-j2\pi\nu t/T} \ dt$$

Stellt man u(t) durch seine Abtastwerte dar, so wird
$u(t) = \sum_{\mu=1}^{n} u(\mu T_0) \ T_0 \ \delta(t-\mu T_0)$. Damit lautet

$$c_\nu = \frac{1}{T} \int_0^T \sum_{\mu=1}^{n} u(\mu T_0) \ T_0 \ \delta(t-\mu T_0) \ e^{-j2\pi\nu t/T} \ dt$$

$$c_\nu = \frac{1}{n} \sum_{\mu=1}^{n} u(\mu T_0) \ e^{-j2\pi\nu\mu/n}$$

Auch die Koeffizienten c_ν sind jetzt periodisch, entsprechend dem über die Frequenzbandgrenzen periodisch fortge-
setzten Spektrum; $c_{\nu+n} = c_\nu$.

Faßt man die Spektrallinien c_ν als Komponenten eines Vektors $\vec{C}$ auf und die Abtastwerte $u(\mu T_0)$ als Komponenten eines
Vektors $\vec{U}$, so kann man die obige lineare Transformation als
$\vec{C} = [A] \cdot \vec{U}$ schreiben, wobei $[A]$ eine quadratische Matrix mit
den Elementen $\frac{1}{n} e^{-j2\pi\nu\mu/n}$,n Zeilen mit dem Index ν und n
Spalten mit dem Index μ ist. Ein zeit- und frequenzbandbe-
grenztes Signal u(t) läßt sich also durch seinen Vektor $\vec{U}$

vollständig beschreiben. Die obengenannte Matrix [A] überführt durch eine lineare Transformation das Signal in eine
Darstellung im Frequenzbereich. Mit der inversen Matrix
$[A^{-1}]$ gilt $\vec{U} = [A^{-1}] \cdot \vec{C}$. Die Spalten der Matrix $[A^{-1}]$ sind
die zeitdiskrete Beschreibung der Funktionen $f_v(t)$ des Funk-
tionssystems, mit dem das Signal u(t) dargestellt wird. Die
Funktionen wie die Spalten der Matrix sind orthogonal zueinander. Die Komponenten des Vektors $\vec{C}$ liefern die Koeffizienten für die Reihendarstellung $u(t) = \sum_{v=1}^{n} c_v \cdot f_v(t)$. Neben der
Matrix [A] gibt es beliebige weitere Matrizen, die den Vek-
tor $\vec{U}$ in eine andere Darstellung transformieren. Besondere
Bedeutung hat die Loève-Karhunen-Transformation. Bei ihr
werden das Funktionssystem $f_v(t)$ bzw. die Zeilen der Matrix
[A] so gewählt, daß die Komponenten des Vektors $\vec{C}$ unkorreliert sind.

Für abgetastete Signale u(t) bedient man sich meist einer
abgekürzten Schreibweise der Laplace-Transformation. Diese
wird z-Transformation genannt.

Man setzt $e^{pT_0} = z$, dann wird

$$u(t) \circ\!\!-\!\!\bullet\, U_z(z) = T_0 \sum_{n=0}^{\infty} u_0(nT_0)\, z^{-n} \qquad [u(t) = 0 \quad \text{für} \quad t < 0]$$

Die z-Transformation ist leicht numerisch ausführbar, da die
Abtastwerte der Zeitfunktion die Koeffizienten der transfor-
mierten Funktion $U_z(z)$ sind.

Beispiel 6 :

$$U_z(z) = T_0 \sum_{0}^{\infty} anT_0 z^{-n}$$

$$= -aT_0^2\, z\, \frac{d}{dz}\left[\sum_{0}^{\infty} \frac{1}{z^n}\right]$$

$$= -aT_0^2\, z\, \frac{d}{dz}\left(\frac{1}{1-1/z}\right)$$

$$U_z(z) = aT_0^2\, \frac{z}{(1-z)^2} \quad ,$$

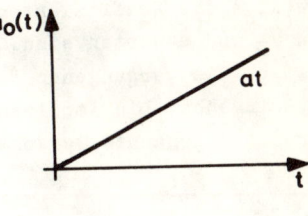

Bild 31   Rampe

da wegen $\left|\frac{1}{z}\right| < 1$ die geometrische Reihe konvergiert.

Auch zeitdiskrete Signale lassen sich falten. Bild 32 zeigt als Beispiel das Eingangssignal $u(kT_0)$ und Bild 33 die Impulsantwortfunktion $w(kT_0)$, wobei für beide die Bedingung der Frequenzbandbegrenzung $T_0 \leqq 1/2B$ und $u = 0$ sowie $w = 0$ für $t < 0$ gilt.

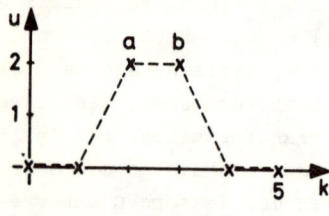

Bild 32 Eingangssignal

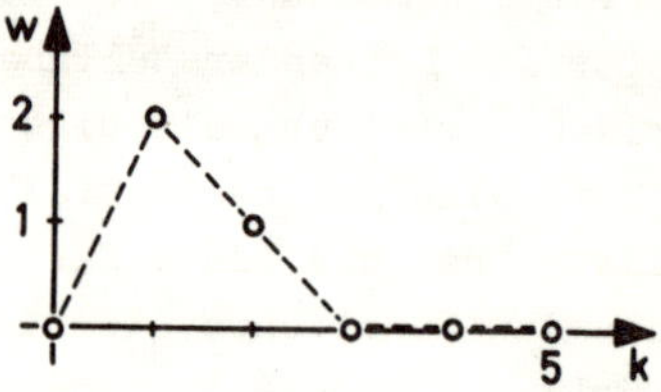

Bild 33 Diskrete Impulsantwortfunktion

Das Ausgangssignal $y(kT_0)$ läßt sich berechnen zu

$$y(kT_0) = u(kT_0) * w(kT_0) = \sum_{l=0}^{k} u(lT_0) \cdot w(kT_0 - lT_0)$$

oder $\quad y(kT_0) = \sum_{l=0}^{k} w(lT_0) \cdot u(kT_0 - lT_0)$.

Durch Indizierung der diskreten Werte kann man auch kürzer schreiben

$$y_k = u_k * w_k = \sum_{l=0}^{k} u_l\, w_{k-l} = \sum_{l=0}^{k} w_l\, u_{k-l}$$

Das Ergebnis zeigt Bild 34. An dieser Darstellung erkennt man, daß z.B. $y_4 = w_2 \cdot u_2 + w_1 \cdot u_3$ gilt, d.h. die Werte von $w(kT_0)$ die Koeffizienten einer linearen Verknüpfung zwischen y- und u-Werten sind. Diese Koeffizienten bestimmen, wie stark die vergangenen Werte von u in den jeweiligen Wert von y eingehen. Die Impulsantwortfunktion $w(t)$ beschreibt daher das sogenannte Gedächtnis des Übertragungssystems.

49

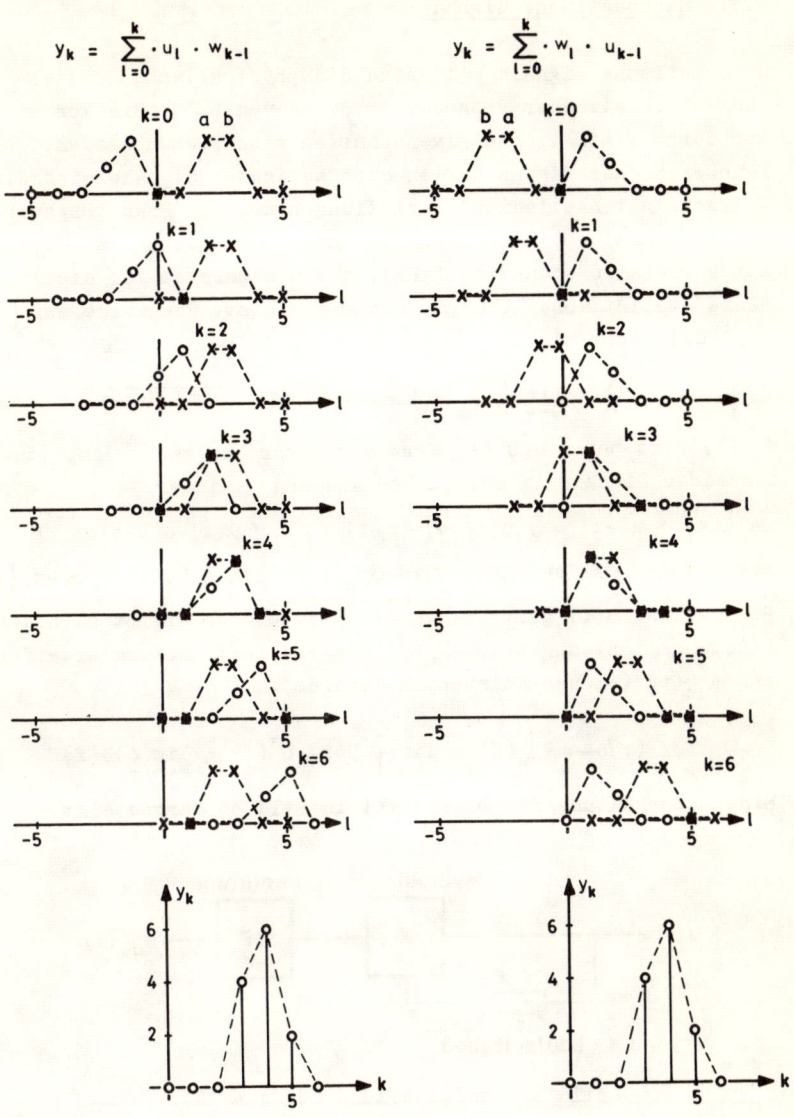

$$y_k = \sum_{l=0}^{k} \cdot u_l \cdot w_{k-l}$$

$$y_k = \sum_{l=0}^{k} \cdot w_l \cdot u_{k-l}$$

<u>Bild 34</u> Beispiel einer diskreten Faltung

3.3. Stochastische Signale

Stochastische Signale u(t) sind die physikalische Darstellung stochastischer Prozesse im Sinne von S.30. Sie können nur durch statistische Eigenschaften beschrieben werden. Kennzeichnende Eigenschaften stochastischer Signale sind die Wahrscheinlichkeitsdichteverteilungen und die Erwartungswerte der Signalamplituden. Von besonderer Bedeutung ist die Autokorrelationsfunktion (AKF), die ein Maßstab für die lineare statistische Abhängigkeit wiedergibt. Sie wurde auf S.31 definiert als

$$\varphi_{uu}(\tau) = \lim_{T \to \infty} \frac{1}{T} \int_{-T/2}^{+T/2} u(t) \cdot u(t-\tau) \, dt = \overline{u(t) \cdot u(t-\tau)}$$

$\varphi_{uu}(\tau)$ gibt bei $\overline{u} = 0$ den Wert der Kovarianz zweier Amplituden eines Signals im zeitlichen Abstand τ wieder.

Da $u(\tau) * u(-\tau) = \int_{-\infty}^{+\infty} u(t) \cdot u\left[-(\tau-t)\right] dt = \int_{-\infty}^{+\infty} u(t) \cdot u(t-\tau) dt$

geschrieben werden kann, wird $\varphi_{uu}(\tau) = \lim_{T \to \infty} \frac{1}{T} \left[u(\tau) * u(-\tau) \right]$.

Bei reellem $u(\tau)$ gilt $u(-\tau) \circ\!\!-\!\!\bullet U^*(f)$, und es ergibt sich das Leistungsdichtespektrum $\Phi_{uu}(f)$ als Fouriertransformierte der AKF $\varphi_{uu}(\tau)$ (Wiener-Khintchine-Theorem).

$$\varphi_{uu}(\tau) \circ\!\!-\!\!\bullet \Phi_{uu}(f) = \lim_{T \to \infty} \frac{1}{T} U(f) \cdot U^*(f) = \lim_{T \to \infty} \frac{1}{T} |U(f)|^2$$

Eine Meßschaltung für $\varphi_{uu}(\tau)$ ist in Bild 35 dargestellt.

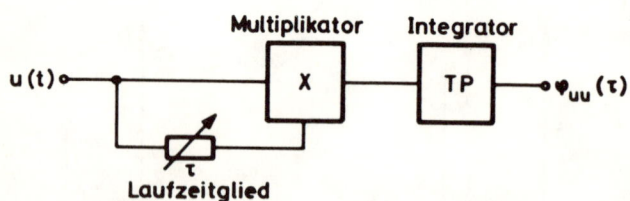

Bild 35 Meßschaltung für die AKF

Bild 36 zeigt an zwei Beispielen die Verläufe von u(t), $\varphi_{uu}(\tau)$ und $\Phi_{uu}(f)$.

51

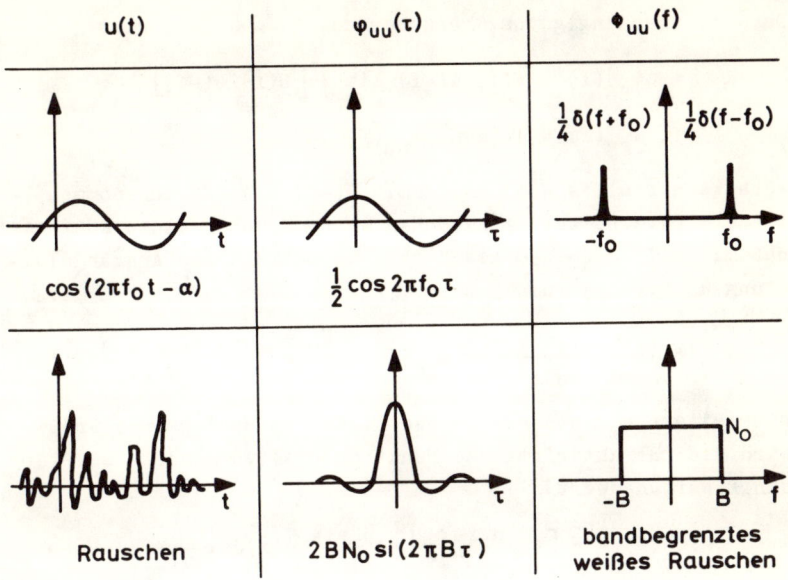

<u>Bild 36</u> Beispiele für stochastische Signale

Bildet man nach S.31 die Kreuzkorrelationsfunktion für die
beiden Summenfunktionen h(t)+n(t) und g(t)+k(t), so erhält
man

$$\varphi_{h+n,g+k}(\tau) = \lim_{T \to \infty} \frac{1}{T} \int_{T/2}^{+T/2} \left[h(t-\tau) + n(t-\tau)\right] \left[g(t) + k(t)\right] dt$$

$$= \varphi_{hg}(\tau) + \varphi_{hk}(\tau) + \varphi_{ng}(\tau) + \varphi_{nk}(\tau)$$

In Analogie zum Leistungsdichtespektrum bei der AKF wird für
die KKF das Kreuzleistungsdichtespektrum definiert

$$\varphi_{xy}(\tau) \circ\!\!-\!\!\bullet \Phi_{xy}(f)$$

Durchläuft ein reelles stochastisches Signal u(t)$\circ\!\!-\!\!\bullet$U(f)
mit dem Leistungsdichtespektrum $\Phi_{uu}(f) = \lim_{T \to \infty} \frac{1}{T} \left[U(f) \cdot U(-f)\right]$
einen Vierpol mit der Übertragungsfunktion W(f), so erhält
man für das Ausgangssignal g(t)$\circ\!\!-\!\!\bullet$G(f) = W(f)·U(f) das Leistungsdichtespektrum

$$\Phi_{gg}(f) = \lim_{T \to \infty} \frac{1}{T} \left[W(f) \cdot U(f) \cdot W(-f) \cdot U(-f)\right]$$

Da W(f) unabhängig vom Grenzübergang $T \longrightarrow \infty$ ist, gilt

$$\Phi_{gg}(f) = W(f) \cdot W(-f) \lim_{T \to \infty} \frac{1}{T} \left[U(f) \cdot U(-f) \right]$$

$$\Phi_{gg}(f) = |W(f)|^2 \; \Phi_{uu}(f) \; ,$$

wobei ein reelles w(t) und damit $W(-f) = W^*(f)$ angenommen wird. Wird z.B. weißes Rauschen $\Phi_{uu} = N_0$ über einen RC-Tiefpaß mit $W(f) = \frac{1}{\alpha + j2\pi f}$ geschickt, so beträgt das Ausgangsleistungsdichtespektrum

$$\Phi_{gg}(f) = \frac{N_0}{\alpha^2 + 4\pi^2 f^2} \bullet\!\!-\!\!\circ \; \varphi_{gg}(\tau) = \frac{N_0}{2\alpha} \, e^{-\alpha|\tau|} \; \text{(siehe S.37,}$$
$$\text{Aufg.9)}$$

Als weitere ein stochastisches Signal kennzeichnende Größe wird die charakteristische Funktion C(t) verwendet. Sie ist ein Erwartungswert

$$C_x(t) = E\left[e^{j2\pi tx} \right] = \int\limits_{-\infty}^{+\infty} e^{j2\pi tx} \, w(x)dx \; \circ\!\!-\!\!\bullet \; w(x) \; ;$$

$C_x(t)$ ist also die Fouriertransformierte der Wahrscheinlichkeitsdichtefunktion w(x). Entwickelt man die e-Funktion in eine Reihe, so kann man $C_x(t)$ durch die Nullmomente $\mu_\nu = E[x^\nu]$ ausdrücken. Daran erkennt man, daß eine Wahrscheinlichkeitsdichtefunktion durch ihre Momente vollständig beschrieben wird.

$$C_x(t) = \int\limits_{-\infty}^{+\infty} \sum_{\nu=0}^{\infty} \frac{(j2\pi tx)^\nu}{\nu!} \, w(x) \, dx = \sum_{\nu=0}^{\infty} \frac{(j2\pi t)^\nu}{\nu!} \int\limits_{-\infty}^{+\infty} x^\nu \, w(x) \, dx$$

$$C_x(t) = \sum_{\nu=0}^{\infty} \frac{(j2\pi t)^\nu}{\nu!} \, \mu_\nu \; , \qquad\qquad C_x(0) = \mu_0 = 1$$

Die charakteristische Funktion ermöglicht die Bestimmung der Wahrscheinlichkeitsdichte für die Überlagerung stochastischer Signale. $x(\tau)$ und $y(\tau)$ werden überlagert zu $z(\tau) = x(\tau) + y(\tau)$. Für die ursprünglichen Signale galt $w_1(x) \bullet\!\!-\!\!\circ C_x(t)$, $w_2(y) \bullet\!\!-\!\!\circ C_y(t)$. Dann gilt für das Summensignal

$$C_z(t) = \int\limits_{-\infty}^{+\infty} e^{j2\pi t(x+y)} \cdot w(z) \, dz \quad .$$

Bei statistischer Unabhängigkeit zwischen $x(\tau)$ und $y(\tau)$ muß

$w(z)dz = w_1(x)dx \cdot w_2(y)dy$ gelten. Damit läßt sich dz als Flächenelement $dx \cdot dy$ auffassen und die Integration für z von $+\infty$ bis $-\infty$ wird zu einem Doppelintegral

$$C_z(t) = \int\limits_{-\infty}^{+\infty} \int\limits_{-\infty}^{+\infty} e^{j2\pi tx} \cdot e^{j2\pi ty} \cdot w_1(x) \cdot w_2(y) \cdot dxdy = C_x(t) \cdot C_y(t).$$

Daher gilt für die Wahrscheinlichkeitsdichtefunktion $w(z)$, wenn z die Summe zweier statistisch unabhängiger Signale ist,

$$w(z) = w_1(x) * w_2(y) = \int\limits_{-\infty}^{+\infty} w_1(\xi) \, w_2(z-\xi) \cdot d\xi \ .$$

Überlagert man n statistisch unabhängige Signale, deren Wahrscheinlichkeitsdichtefunktionen beliebig sein können, so strebt das Summensignal für $n \longrightarrow \infty$ stets einer gaußschen Verteilung zu. In Beispiel 7 wird dieser Satz für die Überlagerung von n gaußschen Verteilungen und in Beispiel 8 für n Rechteckverteilungen nachgewiesen.

<u>Beispiel 7 :</u>

Gegeben sind n statistisch unabhängige Signale $x_i(\tau)$ mit den Wahrscheinlichkeitsdichtefunktionen

$$w(x_i) = \frac{1}{\sqrt{2\pi\sigma_i^2}} \exp\left[-\frac{(x_i - \mu_{1i})^2}{2\sigma_i^2}\right] \ .$$

Es gilt nach der Ableitung auf S.146

$$w(x_i) \bullet\!\!-\!\!\circ C_i(t) = \exp(j2\pi\mu_{1i}t) \, \exp(-2\pi^2 \sigma_i^2 t^2) \ .$$

Für die Summenfunktionen $z(\tau) = \sum\limits_{i=1}^{n} x_i(\tau)$ lautet dann

$$C_z(t) = \prod\limits_{i=1}^{n} C_i(t) = \exp(j2\pi\mu_1 t) \, \exp(-2\pi^2\sigma^2 t^2) \quad , \text{ wobei}$$

$$\mu_1 = \sum\limits_{i=1}^{n} \mu_{1i} \quad \text{und} \quad \sigma^2 = \sum\limits_{i=1}^{n} \sigma_i^2 \quad \text{gilt.}$$

Es folgt $\quad C_z(t) \circ\!\!-\!\!\bullet w(z) = \dfrac{1}{\sqrt{2\pi\sigma^2}} \exp\left[-\dfrac{(z-\mu_1)^2}{2\sigma^2}\right] \ .$

Beispiel 8 :

Gegeben sind n statistisch unabhängige Signale $x_i(t)$ mit den Wahrscheinlichkeitsdichtefunktionen

$w(x_i) = 1/x_0$ für $-x_0/2 < x_i < x_0/2$, $w(x_i) = 0$ für $|x_i| > x_0/2$

$$w(x_i) \bullet\!\!-\!\!\circ C_i(t) = si(\pi x_0 t) \; , \quad \sigma_i^2 = x_0^2/12 \; .$$

Die Summenfunktion $z(\tau) = \sum\limits_{i=1}^{n} x_i(\tau)$ hat dann

$C_z(t) = \prod\limits_{i=1}^{n} C_i(t) = \left[si(\pi x_0 t) \right]^n$ und nach Reihenentwicklung

$$C_z(t) = \left[1 - \frac{1}{6}(\pi x_0 t)^2 + \frac{1}{120}(\pi x_0 t)^4 - + \ldots \right]^n \; .$$

Nach Ausmultiplikation der n Faktoren und Ordnung nach steigenden Potenzen von t erhält man

$$C_z(t) = 1 - \frac{n}{24}(2\pi x_0 t)^2 + \left(\frac{1}{2}\frac{n^2}{24^2} - \frac{n}{2880} \right) \cdot (2\pi x_0 t)^4 - + \ldots$$

Daraus folgt

$$\lim_{n \to \infty} C_z(t) = \exp\left[-\frac{n}{24}(2\pi x_0 t)^2 \right] = \exp\left[-2\pi^2 n \sigma_i^2 t^2 \right]$$

und

$$w(z) = \frac{1}{\sqrt{2\pi\sigma^2}} \exp\left(-\frac{z^2}{2\sigma^2} \right)$$

mit $\sigma^2 = n \cdot \sigma_i^2$.

3.4. Codierung

Nimmt ein Signal zu diskreten Zeiten nur diskrete Werte aus einer Zeichenliste an, so nennt man es ein wert- und zeitdiskretes Signal. Kontinuierliche Signale werden durch Abtastung in der Zeit und Quantisierung in der Amplitude in zeit- und wertdiskrete Signale überführt (Analog-Digital-Wandler). Das kontinuierliche Signal läßt sich bis auf einen klein zu haltenden Fehler im Digital-Analog-Wandler zurück-

gewinnen. AD-Wandler und DA-Wandler werden auf S.150ff beschrieben. Solche zeit- und wertdiskreten Signale lassen
sich in verschiedener Weise durch Codierung darstellen.

3.4.1. Amplitudenquantisierung

Die Quantisierung der Amplitude erfolgt nach dem in Bild 37
dargestellten Schema.

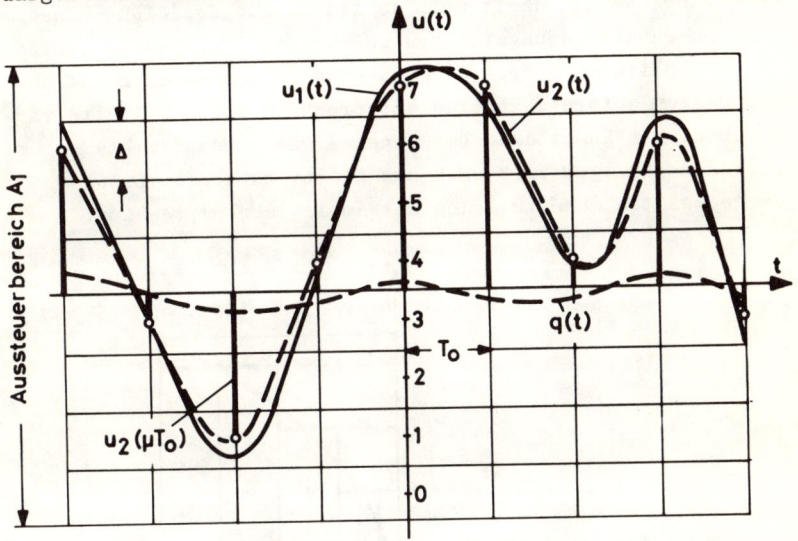

Bild 37 Quantisierung

Jeder Abtastwert $u_1(\mu T_o)$ des Signals $u_1(t)$ liegt in einem
Amplitudenbereich der Breite Δ, der sogenannten Quantisie-
rungsstufe. Hat der Aussteuerbereich des Signals die Grö-
ße A_1, so benötigt das Signal $A_1/\Delta = N$ Quantisierungsstufen.
Dem Wert $u_1(\mu T_o)$ wird der repräsentative Wert $u_2(\mu T_o)$ der
Quantisierungsstufe zugeordnet. Er liegt meistens in der
Mitte der Quantisierungsstufe. Die Grenzen der Quantisie-
rungsstufe heißen Entscheidungsschwellen, da an ihnen ent-

schieden wird, welchem repräsentativen Wert der Eingangswert
$u_1(\mu T_0)$ zugeordnet wird. Aus den Werten $u_2(\mu T_0)$ kann durch
einen Tiefpaß mit der Grenzfrequenz $1/2T_0$ das Signal $u_2(t)$
gewonnen werden. Es unterscheidet sich vom Eingangssignal
durch den Amplitudenfehler $q(t) = u_1(t)-u_2(t)$, dem sogenannten Quantisierungsfehler. Dieser wächst mit der Breite der
Quantisierungsstufe.

Treten die Amplituden des Eingangssignals $u_1(t)$ mit unglei-
cher Wahrscheinlichkeit auf, so ist es zur Erzielung eines
kleinen Quantisierungsfehlers zweckmäßig, für häufig auftretende Amplituden eine kleine Quantisierungsstufenbreite und
für selten auftretende eine entsprechend größere Breite vor-
zusehen. Man kommt dann bei einem Signal, bei dem kleine Amplituden häufiger vorkommen als große, zu der in Bild 38
dargestellten Quantisierung mit Amplitudenkompression.

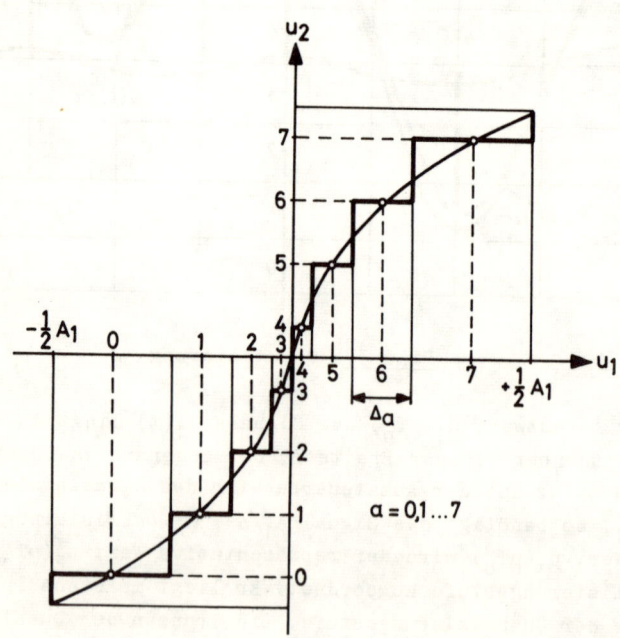

Bild 38 Quantisierung mit Amplitudenkompression

Die nach der Quantisierung diskreten Amplituden können in
einem Zahlencode dargestellt werden. Im Fall eines binären
Zahlencodes werden die N diskreten Amplituden durch die Anzahl D_0 = ldN Bits wiedergegeben. Das Volumen einer Nachricht, dargestellt durch ein zeit- und wertdiskretes Signal,
läßt sich jetzt mit $2BTD_0$ Bits
angeben, wenn T die Dauer, 2B
die Anzahl der Abtastwerte je
Zeiteinheit mit B als Bandbreite und D_0 die Dynamik des
Signals sind. Dieses Volumen
läßt sich mit Hilfe des In-
formationsquaders darstellen,
wie ihn Bild 39 zeigt.

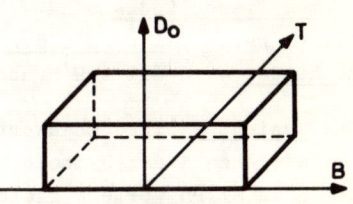

Bild 39 Informationsquader

3.4.2. Begriffe der Codierung

Die Darstellung eines zeit- und wertdiskreten Signals durch
Codewörter heißt Codierung. Der diskrete Signalwert als Wort
des Zeichenvorrats wird durch sein Codewort dargestellt. Das
Signal besteht dann aus einer Folge von Codewörtern. Decodierung ist die Rückwandlung der Codewörter in die Folge von
zeit- und wertdiskreten Signalwerten. Die Menge N aller in
einem Signal vorkommenden Codewörter ist endlich. Hat jedes
Codewort s Stellen und ist jede Stelle mit einem Symbol besetzt, das aus einem Vorrat von z Symbolen ausgewählt wird,
so kann man N = z^s Codewörter bilden.

Haben alle Wörter gleiche Stellenzahl s, so spricht man von
gleichlangen Codes; diese haben je nach Ausnutzung des Codes
einen Umfang des Zeichenvorrats N $\leq z^s$. Läßt man in dem Code
alle Wortlängen bis zur maximalen Stellenzahl s zu, so wird
der Umfang des Zeichenvorrats N $\leq (z^{s+1}-z)/(z-1)$. In einem
Code mit Umschaltung sind n Wörter ausgewählt, die die Codierung für alle ihnen folgenden Wörter festlegen. Bei einem
gleichlangen Code ist dann ein Umfang des Zeichenvorrats von

$n(z^s - n)$ erreichbar.

Wenn die Zahl der Codewörter z^s gleich dem Umfang des Zeichenvorrats N ist, spricht man von einem <u>vollständigen Code</u>. Ein Code mit $N < z^s$ hat $z^s - N$ sinnlose Wörter.

<u>Systematische Codes</u> sind solche, die nach Rechenregeln gebildet werden. <u>Listen-Codes</u> sind willkürlich aufgebaut. Ein <u>Binärcode</u> wird mit $z=2$ Symbolen (0,L) gebildet.

Das <u>Gewicht w</u> eines Codewortes bei gleichlangen Binärcodes ist die Anzahl der Symbole L im Wort. <u>Gleichgewichtige Codes</u> haben in allen Wörtern gleiches Gewicht w; sie werden auch als "w aus s Codes" bezeichnet. Ein solcher Code umfaßt $N = \binom{s}{w}$ Wörter, enthält also $2^s - \binom{s}{w}$ sinnlose Wörter.

Die <u>Hamming-Distanz D</u> zwischen zwei binären Codewörtern ist die Anzahl der Stellen mit unterschiedlichem Symbol. Die Wörter gleichgewichtiger Codes haben die Hamming-Distanz $D \geq 2$.

Die <u>Hamming-Distanz d</u> eines Codes ist die kleinste Hamming-Distanz D zwischen zwei Wörtern des Codes.

Codes mit geradzahligem Gewicht haben die Eigenschaft, bei mod2-Addition zweier Codewörter mit den Gewichten w_1 und w_2 ein Codewort mit ebenfalls geradzahligem Gewicht zu ergeben. Denn es gilt $w = w_1 + w_2 - 2 \cdot k$, wobei k die Anzahl der Stellen ist, bei denen an gleicher Stelle in beiden Codewörtern das Symbol L steht. Mod2-Addition entspricht einer Addition der gleichstelligen Ziffern ohne Übertrag, z.B.

$$
\begin{array}{r}
\text{L O L L} \\
\oplus \ \text{O L L O} \\
\hline
\text{L L O L} \\
\hline
\end{array}
$$

3.4.3. Zahlen-Codes

Meßwerte, quantisierte Amplituden u.ä.m. werden durch Zahlen
gekennzeichnet. Um diese darstellen zu können, benötigt man
Zahlen-Codes. Aus der Datenverarbeitungstechnik sind zahl-
reiche Codierungen für Zahlen bekannt. Hier sollen nur zwei
dieser Codes erwähnt werden :

```
 0  0000
 1  000L
 2  00L0
 3  00LL
 4  0L00
 5  0L0L
 6  0LL0
 7  0LLL
 8  L000
 9  L00L
10  L0L0
11  L0LL
12  LL00
13  LL0L
14  LLL0
15  LLLL
```

4-stelliger
Dualzahlen-
Code

3. und 4. Stelle

		00	0L	LL	L0
	00	0	1	2	3
	0L	7	6	5	4
	LL	8	9	10	11
	L0	15	14	13	12

1. und 2. Stelle

```
 0  0000
 1  000L
 2  00LL
 3  00L0
 4  0LL0
 5  0LLL
    usw.
```

Gray-Code

3.4.4. Optimal-Codes

Wenn die mittlere Codewortlänge gleich der Entropie der
Nachrichtenquelle sein soll, muß sich die Länge der Codewör-
ter nach der Wahrscheinlichkeit ihres Auftretens richten
(S.22), bei statistischer Abhängigkeit aufeinanderfolgender
Codewörter nach ihrer bedingten Wahrscheinlichkeit (S.23).

Bild 10 zeigte solch einen Optimal-Code, der diese Forderung erfüllt.

Nun sind im allgemeinen die Wahrscheinlichkeiten p_i der Codewörter keine ganzzahligen Potenzen von 1/2, wie in Bild 10. Daher kann die mittlere Codewortlänge $H_c = \sum_i p_i s_i$ die Entropie $H = \sum_i p_i \, \mathrm{ld} \frac{1}{p_i}$ nur annähern. Für die Festlegung der Codewortlängen s_i, so daß die verbleibende Redundanz $H_c - H$ nach der Codierung minimal wird, hat Huffman folgende Methode angegeben, die an einem Beispiel erklärt werden soll. Hierbei werden die Zeichen des Zeichenvorrats nach fallenden Wahrscheinlichkeiten geordnet, die Wahrscheinlichkeiten der letzten beiden Zeichen addiert, ihre Summe nach der Größe in den verbleibenden Zeichenvorrat eingeordnet usw., bis sich die Summe 1,0 ergibt. Dann wird dieser Zusammenfassungsvorgang als Codebaum dargestellt. Wenn man Auftrennungen mit den Binärzeichen O und L bezeichnet, kann man die gesuchten Codewörter ablesen.

Beispiel 9 :

i	p_i				
1	0,30	0,30	0,44	0,56	1,00
2	0,24	0,26	0,30	0,44 IV	
3	0,20	0,24	0,26 III		
4	0,15	0,20 II			
5	0,11 I				

i	Code
1	00
4	OLO
5	OLL
2	LO
3	LL

$H_0 = \mathrm{ld} N = \mathrm{ld} 5 = 2,32 \text{ bit}$

$H_c = \sum_i p_i s_i = 2,26 \text{ bit}$

$H = \sum_i p_i \, \mathrm{ld} \frac{1}{p_i} = 2,24 \text{ bit}$

Der Gewinn des Optimal-Codes in Reduktion der Redundanz beträgt $H_o - H_c$. Er ist um so höher, je unterschiedlicher die Wahrscheinlichkeiten der Codewörter sind. Beispiel 10 zeigt dies für ebenfalls N=5 Zeichen, nur mit anderen Wahrscheinlichkeiten.

Beispiel 10 :

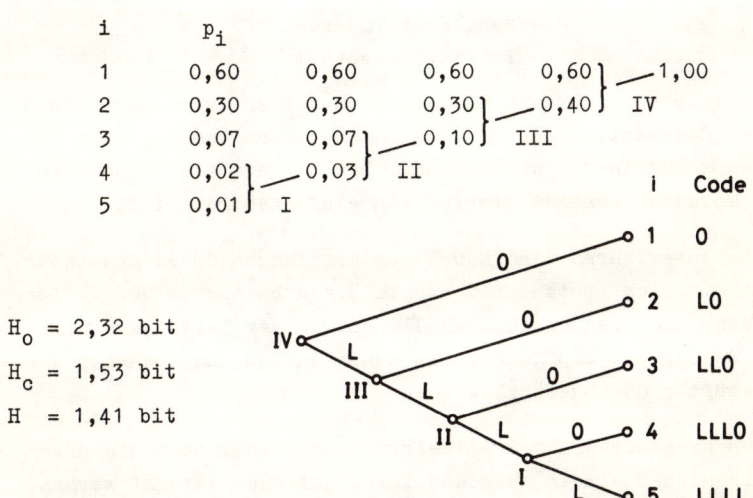

i	p_i				
1	0,60	0,60	0,60	0,60	1,00
2	0,30	0,30	0,30	0,40	IV
3	0,07	0,07	0,10	III	
4	0,02	0,03	II		
5	0,01	I			

i	Code
1	O
2	LO
3	LLO
4	LLLO
5	LLLL

H_o = 2,32 bit

H_c = 1,53 bit

H = 1,41 bit

Aufgabe 12 :

Eine Signalquelle verfügt über einen Zeichenvorrat von 16 Wörtern. Diese treten statistisch unabhängig mit den Wahrscheinlichkeiten

p_1 = 0,480	p_5 = 0,035	p_9 = 0,019	p_{13} = 0,002
p_2 = 0,220	p_6 = 0,024	p_{10} = 0,017	p_{14} = 0,001
p_3 = 0,100	p_7 = 0,021	p_{11} = 0,015	p_{15} = 0,001
p_4 = 0,042	p_8 = 0,020	p_{12} = 0,002	p_{16} = 0,001

auf. Für diese Quelle ist der Huffman-Code zu entwerfen.

Wie groß sind der Entscheidungsgehalt H_o, die Entropie H und die mittlere Codewortlänge H_c ?

3.4.5. Textzerlegung

Bei allen Übertragungen von Codewörtern ist es erforderlich,
daß die Folge von binären Symbolen am Empfänger wieder in
die Codewörter zerlegt werden kann. Zur Trennung an der
richtigen Stelle werden folgende Methoden verwandt :

> Trennzeichen
> Synchronverfahren
> Präfixeigenschaft

Trennzeichen erfordern zusätzlichen Aufwand vor oder nach
jedem Codewort. Diese Methode ist stets anwendbar, wenn der
Aufwand zugelassen werden kann. Der Buchstabenzwischenraum
bei Morsezeichen ist hierfür ein einfaches Beispiel.

Synchronverfahren sind nur bei gleichlangen Codes anwendbar.
Im geeigneten Abstand eingefügte Synchronzeichen sorgen für
phasen- und frequenzmäßigen Gleichlauf der Taktgeneratoren
von Sender und Empfänger, mit denen Aufbau und Trennung der
Codewörter durchgeführt werden.

Haben die Codewörter Präfixeigenschaft, so können sie ohne
Hilfszeichen allein aufgrund ihres Aufbaus getrennt werden.
Codes mit ungleich langen Wörtern, die aber nur Endstellen
des Codebaums belegen, haben diese Präfixeigenschaft, wie
z.B. der in Kap.3.4.4. behandelte Huffman-Code. So ist eine
Codewortfolge aus dem Code-Beispiel 9 eindeutig trennbar :
OLO,LO,LL,... . Werden einzelne binäre Zeichen bei der Übertragung verfälscht, so entstehen bei diesem Verfahren erheb-
liche Fehler, da unter Umständen die Trennung fortgesetzt
falsch bleibt.

3.4.6. Systematische Codes

Zur Bildung von systematischen Codes bedient man sich hauptsächlich zweier Darstellungen der Codes durch eine Genera-

tormatrix oder durch ein Generatorpolynom. Als Rechenregeln
werden dabei verwendet :

$$0 \oplus 0 = 0 \qquad\qquad 0 \cdot 0 = 0$$
$$0 \oplus L = L \qquad\qquad 0 \cdot L = 0$$
$$L \oplus 0 = L \qquad\qquad L \cdot 0 = 0$$
$$L \oplus L = 0 \qquad\qquad L \cdot L = L$$

Eine Generatormatrix besteht aus m linear unabhängigen
s-stelligen Codewörtern. Solche Matrizen mit s = m = 4 sind
z.B.

	Einheits-matrix		beliebige Matrix	

Einheits-
matrix

```
L 0 0 0          L 0 L 0
0 L 0 0    beliebige   L L 0 0
0 0 L 0     Matrix    L 0 0 L
0 0 0 L          0 0 L 0
```

Nennt man die Zeilen dieser Matrizen $\vec{a}_1$, $\vec{a}_2$, $\vec{a}_3$, $\vec{a}_4$, bezeichnet sie also als s-dimensionale Vektoren und bildet mit
den Koeffizienten c_i = 0 oder L, i = 1, 2, 3 oder 4, Codewörter nach der Regel

$$c_1 \cdot \vec{a}_1 \oplus c_2 \cdot \vec{a}_2 \oplus c_3 \cdot \vec{a}_3 \oplus c_4 \cdot \vec{a}_4 \ ,$$

so ergeben sich wegen der linearen Unabhängigkeit der Zeilen
der Generatormatrizen 2^m unterschiedliche Codewörter. Das
sind für die beiden Beispiele mit s = m = 4 die 16 möglichen
vierstelligen Codewörter.

Ist die Wortlänge s = m, so entsteht ein vollständiger Code.
Meist ist aber s = m+k. Die Generatormatrix hat dann m Zeilen und s Spalten.

Beispiel 11 :

	L000 LL0	
	0L00 L0L	s = 7
Generator-matrix	00L0 LLL	m = 4
	000L 0LL	k = 3

Da auch hier nur nach der obigen Codewortbildungsregel
2^m Codewörter entstehen, sind $2^s - 2^m$ weitere Wörter denkbar,

die bei der Codebildung nicht entstehen. Man kann diese weiteren Wörter, die durch die k zusätzlichen Stellen entstehen, zur Codeprüfung oder Codekorrektur benutzen, wie in den
Kap.3.4.7. und 3.4.8. gezeigt wird. Es ist üblich, wie im
Beispiel 11 auch angegeben, als m erste Stellen der Codewörter der Generatormatrix die Einheitsmatrix zu verwenden.
Denn die Zeilen der Einheitsmatrix sind in jedem Fall linear
unabhängig, und die k zusätzlichen Stellen müssen dann nur
noch für die Codeprüfung oder Codekorrektur geeignet bestimmt werden.

Die Generatormatrix des Beispiels 11 erzeugt folgenden Code:

v	$c_1 c_2 c_3 c_4$	a_v	v	$c_1 c_2 c_3 c_4$	a_v
1	L O O O	LOOO LLO	9	O L L O	OLLO OLO
2	O L O O	OLOO LOL	10	O L O L	OLOL LLO
3	O O L O	OOLO LLL	11	O O L L	OOLL LOO
4	O O O L	OOOL OLL	12	L L L O	LLLO LOO
5	O O O O	OOOO OOO	13	L L O L	LLOL OOO
6	L L O O	LLOO OLL	14	L O L L	LOLL OLO
7	L O L O	LOLO OOL	15	O L L L	OLLL OOL
8	L O O L	LOOL LOL	16	L L L L	LLLL LLL

Daran, daß 16 unterschiedliche Codewörter entstehen, erkennt
man die lineare Unabhängigkeit der Matrix-Zeilen des Beispiels 11.

Die sogenannten zyklischen Codes stellt man durch ein Generatorpolynom dar. Jedes Codewort läßt sich durch ein Polynom
darstellen. So schreibt man z.B. für OLOLLLO:

$$0 \cdot x^6 \oplus L \cdot x^5 \oplus 0 \cdot x^4 \oplus L \cdot x^3 \oplus L \cdot x^2 \oplus L \cdot x^1 \oplus 0 \cdot x^0 =$$
$$= x^5 + x^3 + x^2 + x = a(x) \; .$$

Die Koeffizienten des Polynoms sind die Elemente des Codewortes. Die Exponenten der Polynomglieder kennzeichnen den
Stellenort im Codewort. Multipliziert man dieses Polynom mit
x, so entsteht $x^6 + x^4 + x^3 + x^2$, d.h. das Codewort LOLLLOO, und

darin sind alle Symboltypen um eine Stelle gegenüber dem ursprünglichen Codewort verschoben. Dieser Code wird zyklisch,
indem die Regel $x^6 \cdot x = x^7 = x^0 = 1$ beachtet wird; allgemein
gilt $x^s = 1$ für die Codewortlänge s. Damit entstehen durch
zyklische Verschiebung s verschiedene Codewörter. Zur Darstellung zyklischer Codes geht man von einem Generatorpolynom g(x) aus. Wegen ihrer besonderen Eigenschaften werden
hierzu sogenannte irreduzible Polynome verwendet; das sind
Polynome, die nicht weiter in Produkte von Polynomen niede-
ren Grades zerlegt werden können. Zu einem zyklischen Code
der Codewortlänge s wird als Generatorpolynom ein irreduzib-
les Polynom, das bei der Produktzerlegung des Polynoms
$x^s + 1 = 0$ entsteht, verwendet. Z.B. gilt

$$x^7+1 = (x^3+x+1)(x^3+x^2+1)(x+1)$$
$$= (x^3+x+1)(x^4+x^3+x+x^3+x^2+1) = (x^3+x+1)(x^4+x^2+x+1)$$
$$= (x^7+x^5+x^4+x^5+x^3+x^2+x^4+x^2+x+x^3+x+1) = x^7+1 \; ;$$

dabei ist $x^i+x^i = x^i(L \oplus L) = 0 \cdot x^i = 0$.

Ist k der Grad des Polynoms g(x), so kann man g(x) mit x^0,
x^1, x^2, x^3 bis x^{s-k-1} multiplizieren. Die dabei entstehenden
s-k = m Polynome haben als Koeffizienten m linear unabhängige Codewörter. Daraus läßt sich der zyklische Code mit 2^m
Codewörtern durch Linearkombination bilden.

Beispiel 12 :

```
                          O O O L O L L
        Generatormatrix   O O L O L L O
        für s = 7         O L O L L O O
        g(x) = x³+x+1     L O L L O O O
```

Multipliziert man g(x) mit x^i, i > m-1, so entstehen Polynome
mit Codewörtern, die im zyklischen Code enthalten sind. Z.B.
gilt für s=7, $g(x) = x^3+x+1$ und i=5

$$x^5(x^3+x+1) = x(x^7+1)+(x^6+x^5+x) = x^6+x^5+x \; , \quad da \; x^7+1 = 0 \; .$$

Es gilt aber auch $x^6+x^5+x = (x^3+x^2+x) \cdot g(x)$, und dieses Polynom ist als Linearkombination im zyklischen Code enthalten.

Die Polynome a(x), deren Koeffizienten die Codewörter des zyklischen Codes sind, lassen sich auch als $a(x) = g(x) \cdot j(x)$ bilden, wobei j(x) Polynome vom Grade kleiner oder gleich m−1 sind, deren Koeffizienten die Codewörter des m-stelligen Dualzahlencodes sind. So ergibt sich für s=7 und $g(x)=x^3+x+1$

	j(x)	Codewort		j(x)	Codewort
1	1	OOOLOLL	9	$x^3 + x$	LOOLLLO
2	x	OOLOLLO	10	$x^3 + x^2$	LLLOLOO
3	x^2	OLOLLOO	11	$x^2 + x + 1$	OLLOOOL
4	x^3	LOLLOOO	12	$x^3 + x + 1$	LOOOLOL
5	x + 1	OOLLLOL	13	$x^3 + x^2 + 1$	LLLLLLL
6	$x^2 + 1$	OLOOLLL	14	$x^3 + x^2 + x$	LLOOOLO
7	$x^3 + 1$	LOLOOLL	15	$x^3 + x^2 + x + 1$	LLOLOOL
8	$x^2 + x$	OLLLOLO	16	0	OOOOOOO

Geeignete Generatorpolynome g(x), die bestimmte Eigenschaften der Codes verwirklichen, sind tabellarisch in der Literatur zusammengestellt. Der besondere Vorteil der zyklischen Codes besteht in der einfachen Realisierbarkeit durch Einspeichern des Generatorwortes in ein Schieberegister, wobei Generatorwort das Codewort ist, dessen Stellen mit den Koeffizienten des Generatorpolynoms besetzt sind.

3.4.7. Fehlerprüfbare Codes

Man kann einen Code so aufbauen, daß der Empfänger in der Lage ist, festzustellen, ob ein Codewort bei der Übertragung verfälscht wurde. Der Empfänger kann dann den Sender auffordern, das Codewort zu wiederholen.

Alle gleichgewichtigen Codes sind auf Fehler prüfbar, da durch eine verfälschte Stelle im Codewort das Gewicht verän-

dert wird. Die Prüfung besteht also in einer Zählung der "L".
Doppelfehler in einem Wort, die das Gewicht nicht verändern,
werden nicht erkannt.

Häufig verwandt wird der "Ein-Fehler-prüfbare Code". Jedes
Codewort wird um eine Prüfstelle so ergänzt, daß das Gewicht
aller Codewörter gerade wird. Die Feststellung, ob ein Fehler aufgetreten ist oder nicht, besteht in der Prüfung der
sogenannten Parität, d.h. des geraden Gewichts.

Beispiel 13 :   Ein-Fehler-prüfbarer Code

0	0000|0	4	OLOO|L	8	LOOO|L	12	LLOO|0
1	000L|L	5	OLOL|0	9	LOOL|0	13	LLOL|L
2	00LO|L	6	OLLO|0	10	LOLO|0	14	LLLO|L
3	00LL|0	7	OLLL|L	11	LOLL|L	15	LLLL|0

Die Codewörter dieses Codes haben die Hammingdistanz $D \geqq 2$,
die Hammingdistanz des Codes ist also d = 2.

Die Wirkung der fehlerprüfbaren Codes beruht darauf, daß
Codewörter auftreten können, die nicht zum Zeichenvorrat gehören und als falsch erkannt werden können.

Der Ein-Fehler-prüfbare Code mit s Stellen je Codewort besitzt einen Zeichenvorrat von $N = \frac{1}{2} \cdot 2^s$ Codewörtern. Setzt
man, wie in fehlerprüfenden und fehlerkorrigierenden Codes
meist üblich, Gleichwahrscheinlichkeit der Codewörter des
Zeichenvorrats voraus, so hat die Quelle die Entropie
$H = ldN = s-1$, der Entscheidungsgehalt entspricht aber der
Codewortlänge und beträgt $H_o = s$. Daher besitzt der Code die
Redundanz $R = H_o - H = 1$ bit. D.h. Fehlerprüfbarkeit setzt Redundanz in der Zeichenliste voraus.

Alle systematischen Codes mit s > m lassen sich auf Fehler
prüfen. Codewörter, die nicht zum Zeichenvorrat gehören,
werden über die Regeln, nach denen der Code aufgebaut ist,
als falsch erkannt.

3.4.8. Fehlerkorrigierende Codes

Wenn eine Rückmeldung vom Empfänger zum Sender nicht möglich
ist, muß das Codewort so aufgebaut werden, daß nicht nur erkannt wird, daß ein Codewort falsch ist, sondern auch erkannt wird, welche Stelle im Codewort verfälscht ist. Dann
kann der Empfänger ohne Rückfrage das falsche Codewort in
das richtige korrigieren.

Die einfachste Fehlerkorrektur ist die Blockcodierung mit
Prüfstelle und Prüfwort. Ein Fehler wird durch Prüfung der
Längsparität in den Zeilen des Blocks und der Querparität
in den Spalten des Blocks erkannt. Beispiel 14 soll das Verfahren erläutern.

Beispiel 14 : Blockcode zur Fehlerkorrektur

Die Information wird durch die Zahlenfolge 1 5 3 8 2 im
Gray-Code (S.59) gebildet. Jede codierte Zahl wird durch ein
Prüfbit auf gerades Gewicht gebracht.

```
        0 0 0 L | L  ⎫
        0 L L L | L  ⎪
        0 0 L 0 | L  ⎬ Block
        L L 0 0 | 0  ⎪
        0 0 L L | 0  ⎭
        — — — — + —
        L 0 L L | L   Prüfwort
```

Alle Spalten des Blocks werden durch die Stellen des Prüf-
wortes auf gerades Gewicht gebracht. Ist für eine Zeile und
eine Spalte das Gewicht ungerade, so ist das Binärzeichen an
der Kreuzungsstelle falsch und muß korrigiert werden. Die
Länge des Blocks wird so gewählt, daß möglichst nur ein ver-
fälschtes Bit je Block auftritt.

Systematische Codes enthalten in ihrem mathematischen Aufbau
die Möglichkeit der Fehlerkorrektur.

Alle fehlerkorrigierenden Codes beruhen auf folgenden Grundgedanken. Aus der Menge der möglichen Codewörter der Länge s
wird nur ein Teil mit Wörtern des Zeichenvorrats besetzt.
Die übrigen Codewörter umgeben die genutzten Codewörter. Jedes Codewort mit seinen umgebenden Codewörtern bildet einen
Korrekturbereich (KB). Das genutzte Codewort ist das Zentrum
des KB. Verfälschte Codewörter sind umgebende Codewörter und
werden im Empfänger korrigiert, indem sie durch das Zentrum
des KB ersetzt werden. Jedes Codewort des KB hat eine Hammingdistanz zum Zentrum, seine Exzentrizität r. Das größte
auftretende r im KB nennt man den Innenradius e des KB. Gehören alle Codewörter mit der Exzentrizität r ≦ e zum KB, so
können alle Codewörter, die in nicht mehr als e Stellen verfälscht sind, korrigiert werden. Bei stärkerer Verfälschung
werden die Codewörter falsch korrigiert. Schließt sich ein
KB an den nächsten KB an, so muß der Abstand zwischen den
Zentren der beiden KB mindestens gleich 2·e+1 sein. D.h. die
Hammingdistanz des fehlerkorrigierenden Codes beträgt d≧2e+1.
Die Summe aller Codewörter im KB setzt sich aus den Codewörtern mit den möglichen Exzentrizitäten zusammen und beträgt

$$1 + \binom{s}{1} + \binom{s}{2} + \ldots + \binom{s}{r} + \ldots \binom{s}{e} = \sum_{i=0}^{e} \binom{s}{i}$$

Es können auch Codewörter auftreten, die keinem KB zuordbar
sind. Diese bilden den Zwischenbereich ZB. Codewörter im ZB
können nur als falsch erkannt, aber nicht korrigiert werden.
Codes ohne ZB heißen dicht gepackt oder maximal korrigie-
rend. Bild 40 erläutert diese Begriffe. 4 Codewörter mit ihren Korrekturbereichen werden schematisch dargestellt.

Die Fehlerkorrektur ist nach dem eben Gesagten auf der Empfangsseite durch Feststellen des KB, zu dem das ankommende
Codewort gehört, und Ersetzen durch das Zentrum des KB möglich. Dieses Verfahren ist aber umständlich und nutzt die
Gesetzmäßigkeiten der systematischen Codes nicht aus.

Wird der Code durch eine Generatormatrix dargestellt, so

- ● Zentrum des KB
- ○ korrigierbare Codewörter
- × Codewörter im ZB

e = 1
d = 3

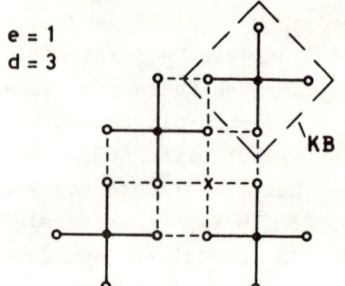

KB

Bild 40

Korrekturbereich und Zwischenbereich bei fehlerkorrigierenden Codes

kann man diese nach Kap.3.4.6. als Aneinanderreihung der Einheitsmatrix $[I_m]$ mit m Zeilen und Spalten und der Korrekturmatrix $[K]$ mit m Zeilen und k Spalten als Matrix $[A] = [I_m,K]$ mit m Zeilen und s = m+k Spalten schreiben. Dabei müssen die Zeilen der Matrix $[K]$ so gewählt sein, daß der durch die Matrix $[A]$ definierte Code eine Hammingdistanz $d \geqq 2e+1$ hat, wenn e Fehler korrigierbar sein sollen.

Zu den Zeilen $\vec{a}_v$ der Matrix $[A]$ gibt es Vektoren $\vec{b}$, für die $\vec{a}_v \cdot \vec{b} = 0$ gilt. Z.B. gilt für $\vec{a}_1$=LOOOLLO und $\vec{b}$=LLLOLOO

$$\vec{a}_1 \cdot \vec{b} = L \cdot L \oplus 0 \cdot L \oplus 0 \cdot L \oplus 0 \cdot 0 \oplus L \cdot L \oplus L \cdot 0 \oplus 0 \cdot 0$$
$$= L \oplus 0 \oplus 0 \oplus 0 \oplus L \oplus 0 \oplus 0 = 0 \ .$$

Sucht man alle Lösungen für $\vec{b}$, die gleichzeitig bei allen Zeilen der Matrix $[A]$ die Nullbedingung erfüllen, so bestimmt man die Gleichung $[A] \cdot b^T = 0$. Diese Matrizengleichung ist ein lineares Gleichungssystem von m Gleichungen mit s Unbekannten, den Elementen des Codewortes b. Da s > m ist, ist das System unterbestimmt. k=s-m Elemente von b lassen sich frei wählen, die übrigen sind dann festgelegt. Da die Elemente von b nur die Werte O,L annehmen können, gibt es also 2^k Lösungen für b. Diese lassen sich aus k linear unabhängigen Lösungen aufbauen, die eine Matrix $[B]$ mit k Zeilen und s Spalten bilden. $[B]$ heißt Nullmatrix, Kontrollmatrix oder Parity-check-Matrix. Jede Zeile von $[B]$ multipli-

ziert mit den Zeilen von $[A]$ oder beliebigen Linearkombina-
tionen der Zeilen von $[A]$, d.h. allen Codewörtern a_v des
fehlerkorrigierenden Codes ergeben den Wert Null. Also gilt
$a_v \cdot [B]^T = 0$.

Beispiel 15 : Fehlerkorrektur mit Nullmatrix

Die Generatormatrix des Beispiels 11 lautete

$$[A] = \begin{array}{l} LOOO\ LLO \\ OLOO\ LOL \\ OOLO\ LLL \\ OOOL\ OLL \end{array}$$

Aus den 2^k Lösungen für $[A] \cdot b^T = 0$ sind k=3 linear unabhängige

$$\begin{aligned} b_1 &= LLLO\ LOO \\ b_2 &= LOLL\ OLO = [B] \\ b_3 &= OLLL\ OOL \end{aligned}$$

Für $a_7 = a_1 \oplus a_3 = LOLOOOL$ gilt somit

$$a_7 \cdot [B]^T = LOLO\ OOL \cdot \begin{array}{l} LLO \\ LOL \\ LLL \\ OLL \\ LOO \\ OLO \\ OOL \end{array} = 000$$

Wie im Beispiel gezeigt, ist es zweckmäßig, die k frei wähl-
baren Elemente der k linear unabhängigen Lösungen für b als
Einheitsmatrix $[I_k]$ mit k Zeilen und Spalten zu wählen und
an das Ende von $[B]$ zu setzen. Dann werden die m ersten Elemente in b_1 wegen der Einheitsmatrix $[I_m]$ in der Generatormatrix $[A]$ gleich den Elementen der 1. Spalte in der Korrekturmatrix $[K]$. Entsprechend ergeben sich die anderen Zeilen
von $[B]$, sodaß $[B] = [K^T, I_k]$ gilt. Bildet man nun für ein
beliebiges empfangenes Codewort v das Produkt $v \cdot [B]^T$, so erhält man das sogenannte Syndrom S, das ungleich Null ist,
wenn v kein Codewort des Zeichenvorrats, also verfälscht
ist. Jedes Codewort v besteht aus dem gesendeten Wort a_v und

dem Fehlerwort f, $v = a_v \oplus f$. Daher gilt

$$S = v \cdot [B]^T = (a_v \oplus f) \cdot [B]^T = a_v \cdot [B]^T \oplus f \cdot [B]^T = f \cdot [B]^T \ ,$$

da $a_v \cdot [B]^T = O$ ist. Weil $[B]$ bekannt ist, kann man aus dem Syndrom S das Fehlerwort f berechnen und damit v in a_v korrigieren.

Beispiel 11 und 15 stellen einen "Ein-Fehler-korrigierbaren Code" dar. f kann daher nur ein Wort mit dem Gewicht eins sein, bei dem der Ort des "L" mit der fehlerhaften Stelle in v übereinstimmt. Das Syndrom ist hier die Spalte von $[B]$, die der Lage des Fehlers entspricht. Daher müssen die Spalten der Matrix $[B]$ voneinander verschieden und ungleich Null sein. Nach dieser Bedingung lassen sich die Matrix $[B]$ und damit auch die Matrix $[A]$ leicht bestimmen.

Beispiel 16 :

Wird im Fall des Beispiels 15 ein fehlerhaftes Codewort v = LL00000 empfangen, so ergibt sich

$$S = v[B]^T = OLL.$$

Das ist die 4. Spalte von $[B]$, also lautet f = 000L000. Das korrigierte Codewort ist dann

$$a_v = v + f = LLOLOOO \ .$$

Im Beispiel 11 ist dies das Codewort a_{13} dieses Codes.

Sollen mehr als ein Fehler, z.B. zwei Fehler korrigierbar sein, dann dürfen die Summen zweier beliebiger Spalten der Matrix $[B]$ in ihr als Spalte nicht vorkommen und müssen untereinander verschieden sein. Als Syndrome treten dann auf Spalten oder Summen von Spalten der Matrix $[B]$. Entsprechendes gilt bei höherer Fehlerzahl.

Nun ist noch die Frage offen, wieviel Korrekturstellen k muß ein s-stelliger Code enthalten, um e Fehler korrigieren zu können. Der Korrekturbereich enthält soviele nicht zum Zei-

chenvorrat gehörende Codewörter, wie es korrigierbare Feh-
lerwörter gibt. Bei 2^s Codewörtern und 2^m Korrekturbereichen können höchstens 2^k Codewörter in einem KB liegen. Daher ist $k \geqq \text{ld} \sum_{i=0}^{e} \binom{s}{i}$ erforderlich.

Aufgabe 13 :

Für einen "Ein-Fehler-korrigierbaren Code" mit m=11 Information tragenden Stellen und k=4 der Korrektur dienenden Stellen sind die Nullmatrix [B] und die Generatormatrix [A] zu
konstruieren.

Bei zyklischen Codes liefert das Generatorpolynom eine einfache Möglichkeit, Fehler zu erkennen und zu korrigieren.
Jedes Wort des Codealphabets ist durch g(x) ohne Rest teilbar, da nach Kap.3.4.6. a(x) = g(x)·j(x) gilt. Jedes verfälschte Codewort ergibt ein Restpolynom r(x). Dieses kennzeichnet die verfälschten Stellen.

Besondere Bedeutung unter den zyklischen Codes haben die
BCH-Codes (Bose-Chaudhuri-Hocquengham). Bei ihnen wird
$s = 2^r-1$, r ganzzahlig, gewählt, und es gibt stets einen
Code, der zur Korrektur nicht mehr als k = r·e Stellen benötigt und bei dem e die Anzahl der korrigierbaren Fehler
ist.

Beispiel 17 :

Der Code des Beispiels 12 ist ein solcher BCH-Code mit r=3,
s=7, e=1, k=3 und der Hammingdistanz d=3. Seine Generatormatrix läßt sich durch Addition geeigneter Zeilen auf die
Form Einheitsmatrix $[I_m]$ mit Korrekturmatrix [K] bringen.
Daraus folgt seine Nullmatrix

$$[B] = \begin{matrix} LLLO\ LOO \\ OLLL\ OLO \\ LLOL\ OOL \end{matrix}$$

Die i-te Spalte der Matrix [B] liefert die Koeffizienten

eines Restpolynoms r(x), das bei der Division $x^{s-i}/g(x)$ entsteht, da bei i ≦ m die Elemente der i-ten Zeile der Matrix
$[I_m,K]$ die Koeffizienten des Polynoms $x^{s-i}+r(x)$ sind, das
durch g(x) ohne Rest teilbar ist, und bei i > m $x^{s-i} = r(x)$
wird. x^{s-i} ist aber zugleich das Polynom des Fehlerwortes
mit einem L an der i-ten Stelle, sodaß diese i-te Stelle am
Restpolynom erkennbar ist. Wird also das fehlerhafte Wort
v = LLLLOLO empfangen, so lautet v(x) = $x^6+x^5+x^4+x^3+x$. Divi-
diert man nun v(x) durch g(x), so erhält man

$$(x^6+x^5+x^4+x^3+x) : (x^3+x+1) = x^3+x^2+1$$

$$\underline{x^6+x^4+x^3}$$
$$x^5+x$$
$$\underline{x^5+x^3+x^2}$$
$$x^3+x^2+x \qquad\qquad r(x) = x^2+1$$
$$\underline{x^3+x+1} \qquad\qquad \text{d.h. die 1. Stelle}$$
$$x^2+1 \qquad\qquad \text{ist zu korrigieren.}$$

Das richtige Wort lautet also a = OLLLOLO .

Eine andere Möglichkeit zur Fehlerkorrektur stellen die convolutionellen Codes dar. Die Information tragenden Bits werden durch ein K Bit Schieberegister geschoben. Dabei fassen
v modulo-2-Addierer in geeigneter Weise die gerade im Register stehenden Informationsstellen zusammen. Ein umlaufender
Schalter tastet die v Summierstellen bei jedem Takt des
Schieberegisters je einmal ab und liefert einen Bitfluß, bei
dem jedes Informationsbit durch v Bit ersetzt ist. Jedes abgehende Bit enthält im Mittel also nur 1/v Bit Information.
K wird Einflußlänge des Codes genannt. Bild 41a zeigt ein
Beispiel.

Jedes Informationsbit beeinflußt somit K·v abgehende, zu
übertragende Bits. Für diese K·v Bits gibt es bei Kenntnis
der vorhergehenden Informationsbits 2^K mögliche Bitfolgen abhängig von den in das Schieberegister eintretenden weiteren
Bits. Die 2^K möglichen Bitfolgen lassen sich als Codebaum
darstellen. Wie der Codebaum aussieht, hängt von den vorher-

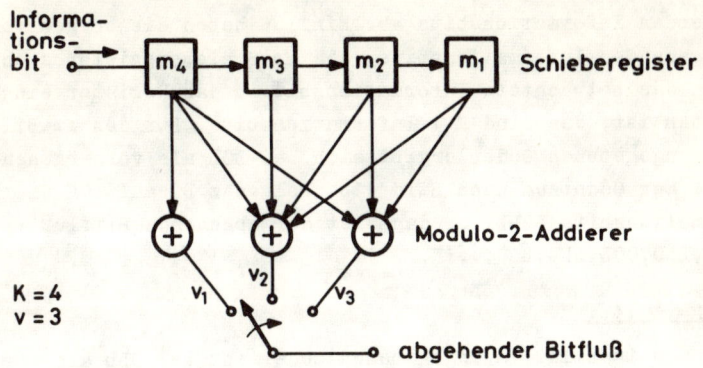

Informationsbitfolge m_1 m_2 m_3 m_4 $\cdots$
abgehender Bitfluß v_1 v_2 v_3

$$v_1 = m_4 \ , \quad v_2 = m_1 \oplus m_2 \oplus m_3 \oplus m_4 \ , \quad v_3 = m_1 \oplus m_2 \oplus m_4$$

<u>Bild 41a</u> Convolutioneller Code

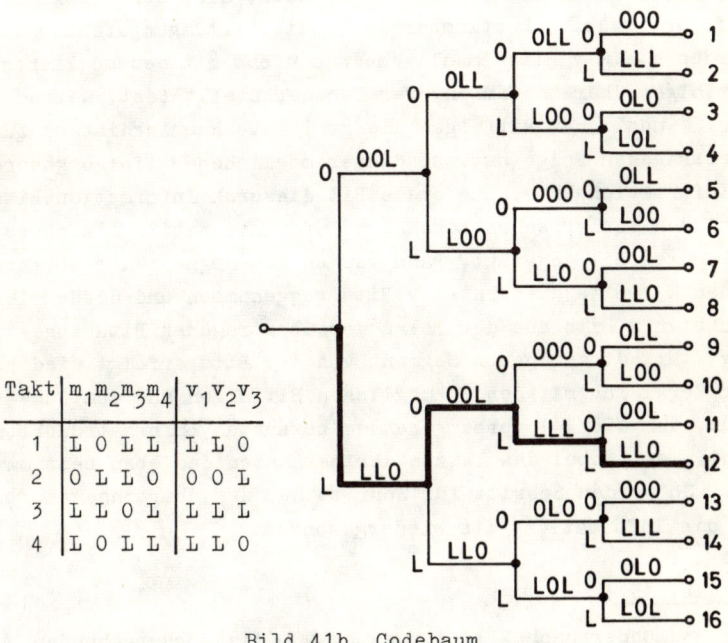

Takt	$m_1 m_2 m_3 m_4$	$v_1 v_2 v_3$
1	L O L L	L L O
2	O L L O	O O L
3	L L O L	L L L
4	L O L L	L L O

<u>Bild 41b</u> Codebaum

gehenden Informationsbits ab. Einfluß haben diejenigen vorhergehenden Informationsbits, die im Schieberegister stehen,
wenn das betrachtete Informationsbit in das Register einge-
treten ist; das sind K-1 Informationsbits. Für den im Bild
41a angegebenen Coder ergibt sich bei LOL als vorhergehende
Bits der Codebaum nach Bild 41b. Folgen z.B. auf LOL die Informationsbits LOLL..., dann ist der abgehende Bitfluß :
...,LLO,OOL,LLL,LLO,... .

Aufgabe 14 :

Für den in Bild 41a angegebenen Coder ist bei OLL als vorhergehende Bits der Codebaum anzugeben.

Die Decodierung erfolgt durch Vergleich eines übertragenen
Segments von $K \cdot v$ Bits mit den 2^K möglichen Bitfolgen der
Länge $K \cdot v$. Die möglichen Bitfolgen werden dem Codebaum ent-
nommen, der aus den K-1 vorhergehenden, also schon bekannten
Informationsbits bestimmbar ist. Bei Übertragungsfehlern
werden die $K \cdot v$ Bits im allgemeinen nicht mit den möglichen
Bitfolgen übereinstimmen. Der Decoder stellt fest, welche
der 2^K möglichen Bitfolgen die geringste Hammingdistanz zur
übertragenen Folge hat. Zu dieser möglichen Bitfolge gehören
K Informationsbits. Das erste Bit dieser K Informationsbits
wird den vorher schon bekannten Informationsbits als neues
bekanntes Bit angefügt. Dann werden dem Segment der übertragenen $K \cdot v$ Bits die ersten v Bits weggenommen und dafür die
nächsten v Bits aus der Folge der übertragenen Bits angefügt. Mit diesem neuen Segment von $K \cdot v$ Bits erfolgt wiederum
der Vergleich mit den 2^K möglichen Bitfolgen aus dem Codebaum, den die K-1 vorhergehenden bekannten Informationsbits
bestimmen, wobei das letzte der bekannten das eben bestimmte
ist. So werden Schritt für Schritt aus der übertragenen Folge die Informationsbits wiedergewonnen.

Aufgabe 15 :

Für den Coder nach Bild 41a seien LOL die vorhergehenden be-

kannten Informationsbits. Tritt als nächste empfangene Bitfolge LLO,OOL,OLL,LLO auf, so erkennt man aufgrund des im
Bild 41b angegebenen Codebaums, daß offenbar das 12. Codewort am ähnlichsten ist. Daraus folgt "L" als nächstes Informationsbit. Die nächsten vorhergehenden Informationsbits
sind jetzt OLL. Wie lautet das nächste Bit, wenn als zugehö-
rige Bitfolge OOL,OLL,LLO,OOL empfangen wurde ?

Zur Erzielung einer guten Fehlerkorrektur muß K groß sein.
Diese Decodierung wird daher sehr aufwendig. Deshalb wird
meist die sequentielle Decodierung angewandt. Bei ihr werden
von den K·v Bits, die von dem zu bestimmenden Informationsbit beeinflußt werden, nur die ersten v Bits betrachtet. Aus
den bekannten vorhergehenden K-1 Informationsbits folgt,
welches Wort der Länge v zu erwarten ist abhängig davon, ob
L oder O als nächstes Informationsbit in das Schieberegister
des Codierers eintritt. Der Vergleich mit dem übertragenen
Wort der Länge v ergibt das nächste Informationsbit. Dabei
können jedoch leicht Fehlentscheidungen auftreten, die aber
daran zu erkennen sind, daß danach die von den vorhergehenden Informationsbits abhängenden möglichen Folgen von v Bit
schlecht mit den übertragenen übereinstimmen, obwohl sie
fehlerfrei übertragen wurden. Es wird von einer bestimmten
Stelle an eine große Fehlerhäufigkeit der übertragenen Bits
beobachtet. Hieraus kann eine rückwirkende Korrektur der
Fehlentscheidung vorgenommen werden, sodaß die Häufigkeit
der Abweichungen zwischen übertragenen und erwarteten Bits
einen vorgegebenen, zu erwartenden Wert nicht überschreitet.

Die convolutionellen Codes benötigen wenig schaltungstechnischen Aufwand bei der Codierung, aber viel Aufwand bei der
Decodierung. Daher haben die convolutionellen Codes in der
Raumfahrt für die Übertragung von Signalen aus Raumsonden
zur Erde Anwendung gefunden, weil es hier auf kleinen Aufwand in der Sonde ankommt.

4. Modulationslehre

Für das Signal am Ausgang der Quelle legt diese die erforderliche Übertragungszeit, die Lage und Breite des notwendigen Frequenzbandes und die notwendige Anzahl der Amplitudenstufen fest. Der Informationsquader nach Bild 39 kennzeichnet die Größen eines Signals. Für die Übertragungsstrecke nach Bild 1 können aber alle diese Größen andere Werte haben. In Modulations- und Demodulationsstufen wird das Signal der Strecke angepaßt. Alle zur Anpassung erforderlichen Signalveränderungen werden in einem nichtlinearen Vierpol, dem Modulationsvierpol, durchgeführt. Dieser Anpassungsvorgang wird auch Kanalcodierung genannt. Die Demodulation erfolgt in einem entsprechenden Vierpol, der den Modulationsvorgang rückgängig macht.

Im Modulationsvierpol wird im allgemeinen ein Modulationsträger $F(t)$ in einem seiner Parameter vom Signal $u(t)$ gesteuert. Über eine Strecke sollen oft mehrere Signale übertragen werden, damit sie voll ausgenutzt wird. Um einen einzelnen Modulationsträger aus einer Gruppe von Modulationsträgern wiedergewinnen zu können, muß $F(t)$ zu einer Gruppe orthogonaler Funktionen gehören. Ist $\sum_m F_m(t)$ die am Empfangsort ankommende Gruppe und $F_n(t)$ der darin enthaltene gewünschte Modulationsträger, so gilt bekanntlich für orthogonale Funktionen die Orthogonalitätsbedingung

$$\lim_{T \to \infty} \frac{1}{T} \int_{-T/2}^{+T/2} F_m(t) \cdot F_n(t) dt \begin{cases} = 0 & m \neq n \\ \neq 0 & m = n \end{cases}$$

Wegen ihrer einfachen Herstellbarkeit werden als Gruppen orthogonaler Funktionen vor allem verwendet

1. Harmonische Schwingungen $F(t) = \hat{u}_T \cos(\omega_T t + \varphi_T)$

2. Pulsfolgen $F(t) = \sum_{n=-\infty}^{+\infty} A \left[\sigma(t-nT_o) - \sigma(t-\tau-nT_o) \right]$

Die steuerbaren Parameter sind im Fall 1 :

$\hat{u}_T$, das ergibt Amplitudenmodulation (AM)

ω_T, das ergibt Frequenzmodulation (FM)

φ_T, das ergibt Phasenmodulation (PM)

und im Fall 2 :

A, das ergibt Pulsamplitudenmodulation (PAM)

τ, das ergibt Pulsdauermodulation (PDM)

T_o, das ergibt Pulsphasenmodulation (PPM) .

Bei harmonischen Schwingungen werden Funktionsgruppen $\sum_m F_m(t)$ durch Wahl einer Folge von verschiedenen Kreisfrequenzen ω_{Tm} gebildet. Man spricht dann von einer Übertragung der Signale im Frequenzmultiplex. Bei Pulsfolgen werden Funktionsgruppen $\sum_m F(t-t_m)$ durch Wahl einer Folge von verschiedenen Verschiebezeiten t_m gebildet. Hier spricht man von einer Übertragung im Zeitmultiplex.

Mit Hilfe der Orthogonalitätsbedingung lassen sich aus einem Multiplexsystem die einzelnen Signale wiedergewinnen, auch dann, wenn die Modulationsträger der empfangenen Funktionsgruppe $\sum_m F_m(t)$ in einem Parameter gesteuert sind, während der am Empfangsort zugesetzte Modulationsträger $F_n(t)$ ungesteuert ist. Dieser Trennungsvorgang wird bei Frequenzmultiplexsystemen in bekannter Weise mit Filtern, Überlagerungsempfängern u.ä.m. durchgeführt. Bei Zeitmultiplexsystemen erfolgt die Signaltrennung durch Zeittore, die alles außer der gewünschten Pulsfolge aus der Funktionsgruppe austasten.

Die Beziehung zwischen steuerndem Signal u(t) und gesteuertem Parameter des Modulationsträgers F(t) heißt Steuerungskennlinie oder Modulationskennlinie. Diese müssen beim Modulator und Demodulator zueinander passen, wenn das Signal nach dem Demodulator unverzerrt wiedergewonnen werden soll. Zweckmäßig werden beide Kennlinien linear gefordert, da dann ihre unabhängige Realisierung am einfachsten möglich ist.

Die in diesem Kapitel auch behandelte Pulscodemodulation

(PCM) ist keine Modulation, bei der ein Modulationsträger in einem Parameter vom Signal gesteuert wird. Trotzdem gehört die PCM in dieses Kapitel, da bei der Codierung der quantisierten Amplituden die Anzahl der Amplitudenstufen des Signals an die mögliche Anzahl der Amplitudenstufen der Übertragungsstrecke angepaßt werden kann.

4.1. Amplitudenmodulation

Bei AM wird die Amplitude der harmonischen Schwingung vom Signal gesteuert. Bild 42 zeigt die Abhängigkeit der Amplitude vom Signal u, die Modulationskennlinie. Sie liegt so,

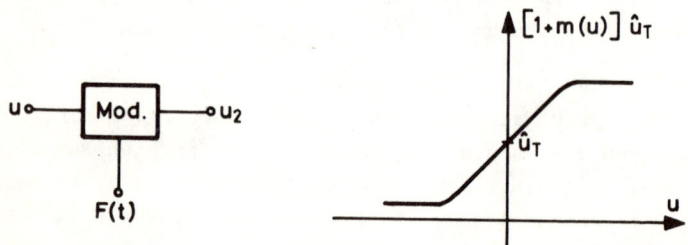

Bild 42 Modulationskennlinie bei AM

daß die Amplitude stets positiv bleibt. Bei linearer Kennlinie im Aussteuerbereich von u ist $m(u) = m \cdot u$; m heißt dann Modulationsgrad der AM. In diesem Fall ist die Einhüllende der Trägerschwingungsamplituden ein Abbild der Signalfunktion $u(t)$. Am Modulatorausgang steht :

$$u_2(t) = \left[1 + m \cdot u(t) \right] \hat{u}_T \cos \omega_T t \quad ;$$

durch Wahl des Zeitmaßstabes ist $\varphi_T = 0$ erreicht.

Ist die Fouriertransformierte des Signals $U(f) \bullet\!\!-\!\!\circ u(t)$, so ergibt sich mit $\omega_T = 2 \pi f_T$

$$u_2(t) \circ\!\!-\!\!\bullet U_2(f) = \frac{m}{2}\,\hat{u}_T \left[U(f+f_T) + U(f-f_T) \right] +$$

$$+ \frac{1}{2}\,\hat{u}_T \left[\delta(f+f_T) + \delta(f-f_T) \right]$$

Bild 43 zeigt Spektren von $U(f)$ und $U_2(f)$.

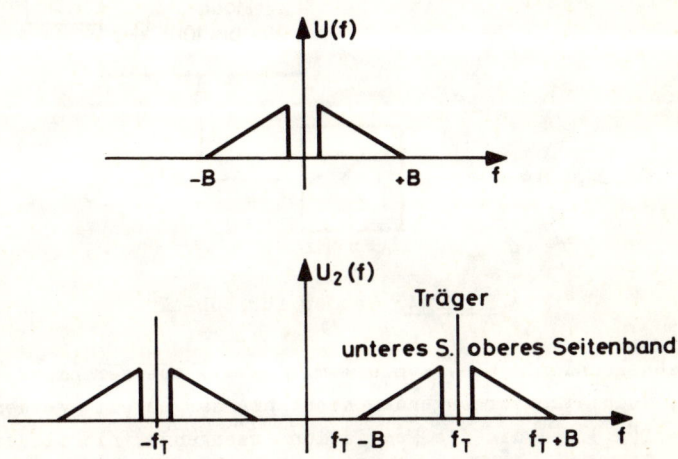

Bild 43 Signal- und Modulationsspektren bei AM

Da bei der reinen AM ein Träger mit zwei Seitenbändern entsteht, nennt man sie auch Doppelseitenband-AM (DSB-AM). Die
Trägerfrequenz muß konstant sein, sonst treten in frequenz-
bandbegrenzenden Übertragungsstrecken und Empfängern Verzerrungen auf.

Bild 44 zeigt das Schaltungsprinzip einer DSB-AM. Der Modulator muß das Produkt aus 1+m(u) und F(t) bilden. Dies geschieht meistens durch eine nichtlineare, Modulation erzeugende Kennlinie. Soll die Modulationskennlinie m(u) linear
sein, so muß die erzeugende Kennlinie eine quadratische Potenzkennlinie oder eine geradlinig-geknickte Kennlinie sein.

Um dies zu zeigen, soll die Berechnung der statischen Modu-

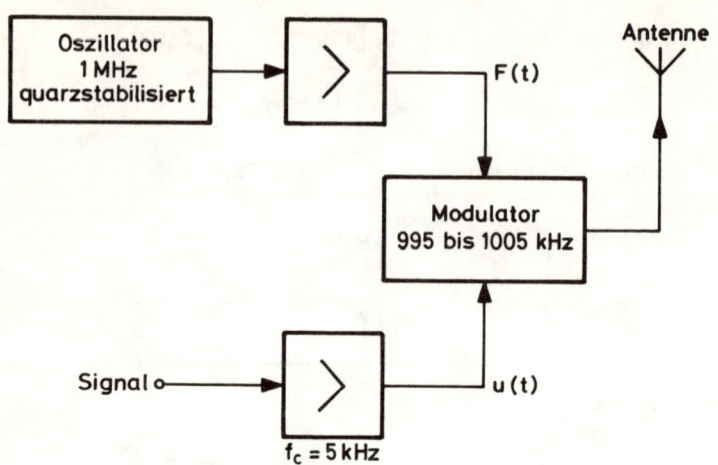

Bild 44 Sender für DSB-AM

lationskennlinie $m(u) = m_1 u + m_2 u^2 + \ldots$ aus der nichtlinearen, Modulation erzeugenden Kennlinie dargestellt werden.
$u_2 = f(u_1)$ sei die die Modulation erzeugende, nichtlineare
Kennlinie. Dieser wird $u_1(t) = u(t) + F(t)$ mit $u(t)$ als einem im Verhältnis zu f_T sehr schmalbandigen und niederfre-
quenten Signal der Bandbreite $\pm$ B und $F(t) = \hat{u}_T \cos 2 \pi f_T t$
zugeführt. Bild 45 zeigt das Schaltungsprinzip.

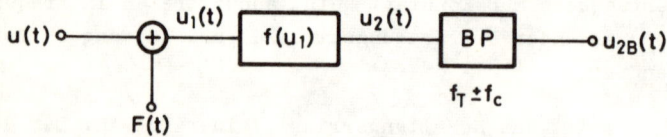

Bild 45 Modulatorprinzip für DSB-AM

Der nichtlineare, die Modulation erzeugende Prozeß soll
durch eine Taylorreihe, entwickelt an der Stelle $u_1 = F$,
dargestellt werden :

$$u_2 = f(u_1) = f(F+u) = \sum_{\nu=0}^{\infty} \frac{u^\nu}{\nu !} f^{(\nu)} \left[F(t) \right] \quad \text{mit}$$

$$F(t) = \hat{u}_T \cos 2\pi f_T t \quad , \quad f^{(\nu)}(u_1) = d^\nu f(u_1)/(du_1)^\nu$$

Das von der nichtlinearen Kennlinie erzeugte Spektrum lautet
dann

$$u_2(t) \circ\!\!-\!\!\bullet U_2(f) = \int_{-\infty}^{+\infty} \sum_{\nu=0}^{\infty} \frac{u^\nu}{\nu!} f^{(\nu)}[F(t)] \, e^{-j2\pi f t} dt \quad ,$$

wobei $f^{(\nu)}[F(t)]$ eine periodische Funktion in t ist. Ihr Amplitudendichtespektrum hat daher nur Frequenzimpulse bei
ganzzahligen Vielfachen von $\pm f_T$. u^ν hat ein Spektrum der
Breite $\pm \nu \cdot B$, da es die ν-fache Faltung des Spektrums von
u(t) ist. $U_2(f)$ ist die Summe von Faltungen dieser beiden
Spektren, d.h. die Frequenzimpulse bei Vielfachen von f_T
sind mit je einem Frequenzband der Breite $\pm \nu \cdot B$ umgeben. Unter der genannten Voraussetzung sehr kleiner Bandbreiten B
wird es keine Überlappungen benachbarter Spektren geben. Für
den Grenzfall $B \longrightarrow 0$ erhält man die statische Modulationskennlinie. In diesen Fällen kann u als nahezu unabhängig von
t angenommen werden, und so wird

$$U_2(f) = \sum_{\nu=0}^{\infty} \frac{u^\nu}{\nu!} \int_{-\infty}^{+\infty} f^{(\nu)}[F(t)] \, e^{-j2\pi f t} dt \quad .$$

Zu jedem Modulator gehört ein Bandfilter (BP in Bild 45) mit
dem Durchlaßbereich von $+f_T - f_c$ bis $+f_T + f_c$ und von $-f_T - f_c$ bis
$-f_T + f_c$, das die Frequenzanteile des Spektrums $U_2(f)$, die
nicht in den Frequenzbändern $+f_T \pm B$ und $-f_T \pm \nu B$ liegen, unterdrückt.

Das Ausgangssignal des Modulators lautet dann

$$u_{2B}(t) = \int_{-f_T - f_c}^{-f_T + f_c} U_2(f) \, e^{j2\pi t f} \, df + \int_{+f_T - f_c}^{+f_T + f_c} U_2(f) \, e^{j2\pi t f} \, df \quad .$$

Nennt man zur Abkürzung

$$\int_{-\infty}^{+\infty} f^{(\nu)}[F(t)] \, e^{-j2\pi f t} \, dt = U_{2\nu}(f) \quad , \quad \text{so ergibt sich}$$

$$u_{2B}(t) = \sum_{\nu=0}^{\infty} \frac{u^\nu}{\nu!} \left[\int_{-f_T - f_c}^{-f_T + f_c} U_{2\nu}(f) \, e^{j2\pi t f} df + \int_{+f_T - f_c}^{+f_T + f_c} U_{2\nu}(f) \, e^{j2\pi t f} df \right]$$

Da $U_{2\nu}(f)$ für jedes ν eine Folge von Frequenzimpulsen bei ganzzahligen Vielfachen von $\pm\, f_T$ darstellt, liefert die eckige Klammer $\hat{u}_{T\nu} \cos \omega_T t$, wobei die Amplituden $\hat{u}_{T\nu}$ von der Modulation erzeugenden, nichtlinearen Kennlinie abhängen.

Mit der Modulationskennlinie $m(u) = \sum\limits_{\nu=1}^{\infty} m_\nu u^\nu$ läßt sich die Ausgangsfunktion als

$$u_{2B}(t) = k\left[1+m(u)\right]\cdot F(t) = k\left[1+\sum_{\nu=1}^{\infty} m_\nu u^\nu\right]\cdot\hat{u}_T\cdot\cos\omega_T t$$

schreiben. Darin ist

$$k\hat{u}_T = \hat{u}_{To}\ , \quad km_\nu\hat{u}_T = \frac{1}{\nu!}\,\hat{u}_{T\nu}$$

Diese Berechnung soll an einem Beispiel erläutert werden, bei dem eine Potenzreihe als nichtlineare, Modulation erzeugende Kennlinie verwendet wird.

Beispiel 17 :

Die nichtlineare Kennlinie sei

$$u_2 = f(u_1) = \sum_{n=0}^{\infty} a_n u_1^n\ .$$

Gibt man auf diese Kennlinie nach Bild 45 $u_1 = F+u$, so wird durch Darstellung als Taylorreihe

$$u_2 = \sum_{\nu=0}^{\infty} \frac{u^\nu}{\nu!}\, f^{(\nu)}\left[F(t)\right]\quad .$$

Da $f(u_1)$ eine Potenzreihe ist, gilt

$$f^{(\nu)}(u_1) = \sum_{n=\nu}^{\infty} \binom{n}{\nu}\,\nu!\, a_n\, u_1^{n-\nu}\quad .$$

Mit $F(t) = \hat{u}_T \cos 2\pi f_T t$ und Entwicklung der Taylorreihe an der Stelle $u_1 = F(t)$ ergibt sich

$$f^{(\nu)}\left[F(t)\right] = \nu!\sum_{n=\nu}^{\infty} \binom{n}{\nu}\, a_n\, \hat{u}_T^{n-\nu}\cdot\cos^{n-\nu}(2\pi f_T t)\ .$$

Nun gilt

$$\cos^m z = 2^{-m} \cdot e^{jmz}(1+e^{-j2z})^m = 2^{-m} \sum_{\mu=0}^{m} \binom{m}{\mu} e^{-j(2\mu-m)z} \quad .$$

Setzt man dies ein, so ergibt sich

$$f^{(\nu)}\big[F(t)\big] = \nu! \sum_{n=\nu}^{\infty} \binom{n}{\nu} a_n \left(\frac{1}{2}\hat{u}_T\right)^{n-\nu} \sum_{\mu=0}^{n-\nu} \binom{n-\nu}{\mu} e^{-j2\pi t(2\mu-n+\nu)f_T}.$$

Man erkennt, daß $f^{(\nu)}\big[F(t)\big]$ eine periodische Funktion der Zeit t ist, die Spektrallinien bei ganzzahligen Vielfachen von f_T hat. Die Fouriertransformierte ist die oben eingeführte Funktion $U_{2\nu}(f)$. Diese lautet

$$U_{2\nu}(f) = \int_{-\infty}^{+\infty} f^{(\nu)}\big[F(t)\big] e^{-j2\pi ft} dt$$

$$= \int_{-\infty}^{+\infty} \nu! \sum_{n=\nu}^{\infty} \binom{n}{\nu} a_n \left(\frac{1}{2}\hat{u}_T\right)^{n-\nu} \sum_{\mu=0}^{n-\nu} \binom{n-\nu}{\mu} e^{-j2\pi t\big[(2\mu-n+\nu)f_T+f\big]} dt$$

$$= \nu! \sum_{n=\nu}^{\infty} \binom{n}{\nu} a_n \left(\frac{1}{2}\hat{u}_T\right)^{n-\nu} \sum_{\mu=0}^{n-\nu} \binom{n-\nu}{\mu} \delta\big[(2\mu-n+\nu)f_T+f\big]$$

und ist die Summe von Frequenzimpulsen.

Der Bandpaß nach Bild 45 filtert aus

$$u_2(t) \circ\!\!\!-\!\!\!\bullet U_2(f) = \sum_{\nu=0}^{\infty} \frac{u^\nu}{\nu!} U_{2\nu}(f)$$

die Frequenzlinien bei $\pm f_T$ heraus. Dabei ergeben sich

$$u_{2\nu+}(t) = \int_{f_T-f_c}^{f_T+f_c} U_{2\nu}(f) \cdot e^{j2\pi ft} df \quad \text{und}$$

$$u_{2\nu-}(t) = \int_{-f_T-f_c}^{-f_T+f_c} U_{2\nu}(f) \cdot e^{j2\pi ft} df \quad .$$

Man erhält

$$u_{2\nu+}(t) = \nu! \sum_{\mu=0}^{\infty} \binom{2\mu+\nu+1}{\nu} \cdot a_{2\mu+\nu+1} \cdot \left(\frac{1}{2}\hat{u}_T\right)^{2\mu+1} \cdot \binom{2\mu+1}{\mu} \cdot e^{j2\pi f_T t} ,$$

da nur die Spektrallinie bei $f = f_T$, $2\mu-n+\nu+1 = 0$ verbleibt, und

$$u_{2\nu-}(t) = \nu! \sum_{\mu=1}^{\infty} \binom{2\mu+\nu-1}{\nu} \cdot a_{2\mu+\nu-1} \cdot \left(\frac{1}{2}\hat{u}_T\right)^{2\mu-1} \cdot \binom{2\mu-1}{\mu} \cdot e^{-j2\pi f_T t} ,$$

da nur die Spektrallinie bei $f = -f_T$, $2\mu-n+\nu-1 = 0$ verbleibt. Das gesamte bandbegrenzte Ausgangssignal lautet dann

$$u_{2B}(t) = \sum_{\nu=0}^{\infty} \frac{u^\nu}{\nu!} \left[u_{2\nu+}(t) + u_{2\nu-}(t) \right] .$$

Ersetzt man in der Gleichung für $u_{2\nu-}(t)$ den Index μ durch $\mu+1$, so ergibt sich

$$u_{2B}(t) = \sum_{\nu=0}^{\infty} u^\nu \sum_{\mu=0}^{\infty} \binom{2\mu+\nu+1}{\nu} a_{2\mu+\nu+1} \left(\tfrac{1}{2}\hat{u}_T\right)^{2\mu} \cdot u_T \cdot \binom{2\mu+1}{\mu} \cdot \cos 2\pi f_T t.$$

Führt man schließlich die Modulationskennlinie $m(u)$ ein, so wird, wie oben gezeigt,

$$u_{2B}(t) = k\left[1+\sum_{\nu=1}^{\infty} m_\nu u^\nu\right] \cdot \hat{u}_T \cdot \cos 2\pi f_T t = \sum_{\nu=0}^{\infty} \frac{u^\nu}{\nu!} \hat{u}_{T\nu} \cdot \cos 2\pi f_T t ,$$

und der Koeffizientenvergleich bringt

$$k\hat{u}_T = \hat{u}_{T0} = \sum_{\mu=0}^{\infty} a_{2\mu+1} \cdot \left(\tfrac{1}{2}\hat{u}_T\right)^{2\mu} \cdot \hat{u}_T \binom{2\mu+1}{\mu} \quad \text{sowie}$$

$$km_\nu \, \hat{u}_T = \frac{1}{\nu!} \, \hat{u}_{T\nu} = \sum_{\mu=0}^{\infty} \binom{2\mu+\nu+1}{\nu} \cdot a_{2\mu+\nu+1} \cdot \left(\tfrac{1}{2}\hat{u}_T\right)^{2\mu} \hat{u}_T \cdot \binom{2\mu+1}{\mu} .$$

Da $\mu = \tfrac{1}{2}(n-\nu-1)$ ganzzahlig sein muß, erkennt man, daß für geradzahliges ν nur ungeradzahlige Koeffizienten n der nichtlinearen Kennlinie und bei ungeradzahligem ν nur geradzahlige n wirksam werden.

Für eine quadratische Potenzkennlinie $f(u_1)$ mit $a_n = 0$ für alle $n > 2$ ist $\hat{u}_{T0} = a_1\hat{u}_T$, $\hat{u}_{T1} = 2 \cdot a_2\hat{u}_T$ und $\hat{u}_{T\nu} = 0$ für $\nu \geq 2$. Deshalb ist die Modulationskennlinie linear, $m_\nu = 0$ für $\nu \geq 2$.

Die statische Modulationskennlinie wird für sehr niederfrequentes Signalspektrum $U(f) \bullet\!-\!\circ u(t)$ bestimmt. Alle ganzzahligen Vielfachen von f_T haben obere und untere Seitenbänder, deren Breite durch das jeweilige Spektrum von u^ν gegeben ist. Solange in das Band von f_T-f_c bis f_T+f_c keine Seitenbänder

anderer ganzzahliger Vielfacher von f_T fallen, ist bei
größtmöglichem f_c die dynamische gleich der statischen Modulationskennlinie.

Bild 46 zeigt einen Modulator mit Gegentaktschaltung zweier
Dioden mit gleicher nichtlinearer Kennlinie. Das Ausgangs-

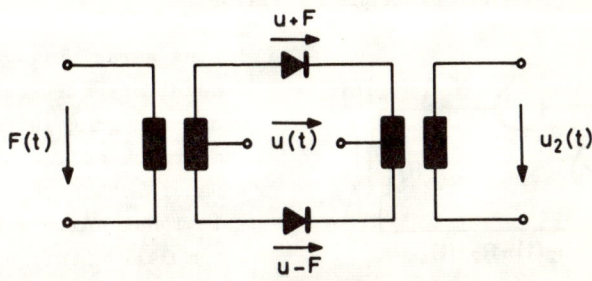

Bild 46 Gegentaktmodulator

signal $u_2(t)$ eines einfachen Modulators hat vor der Filterung durch den Bandpaß in der Umgebung der Frequenz $f=0$ ein
Spektrum, das bis auf die entstehenden Verzerrungen dem Ein-
gangsspektrum $U(f)$ entspricht. Dieser Teil des Spektrums von
$u_2(t)$ tritt bei Gegentaktschaltungen nicht auf und braucht
daher vom Bandpaß nicht unterdrückt zu werden.

Die Modulationskennlinie erhält man aus

$$u_2 = f(u+F) - f(u-F) \ ,$$

da an der einen nichtlinearen Kennlinie $u+F$, an der anderen
$u-F$ liegt. Daraus folgt mit der Taylorreihenentwicklung

$$u_2 = \sum_{\nu=0}^{\infty} \frac{u^\nu}{\nu!} f^{(\nu)}(F) - \sum_{\nu=0}^{\infty} \frac{u^\nu}{\nu!} f^{(\nu)}(-F) \ .$$

Durch Zerlegung der Funktion $f^{(\nu)}(F)$ in den geraden Anteil
$f_g^{(\nu)}(F)$ und den ungeraden Anteil $f_u^{(\nu)}(F)$ entsteht

$$u_2 = 2 \cdot \sum_{\nu=0}^{\infty} \frac{u^\nu}{\nu!} f_u^{(\nu)}(F) \ .$$

Nun ergaben aber beim einfachen Modulator nur ungerade Funktionen von F für $F(t) = \hat{u}_T \cdot \cos 2\pi f_T t$ Anteile bei $\pm f_T$, und nur diese traten hinter dem Bandpaß auf und gingen in die Modulationskennlinie ein. Beim Gegentaktmodulator tauchen nur diese ungeraden Funktionen von F auf. Deshalb hat der Gegentaktmodulator bis auf den Faktor 2 die gleiche Modulationskennlinie wie der einfache Modulator.

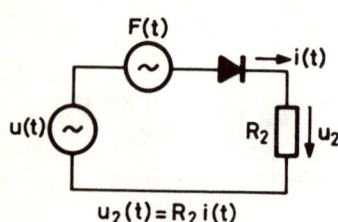

$$u_2(t) = R_2\, i(t)$$

Bild 47   Modulationsschaltung des B-Modulators

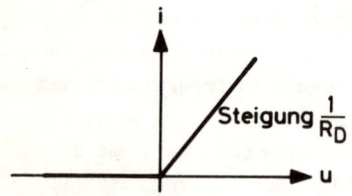

Bild 48   Kennlinie des nicht-linearen Elements

Eine geradlinig-geknickte Kennlinie zur Modulationserzeugung ist nicht mehrfach differenzierbar. Daher läßt sich die Modulationskennlinie für diesen Fall nicht in der oben beschriebenen Weise berechnen. Bild 47 zeigt die Modulationsschaltung, Bild 48 die Modulation erzeugende nichtlineare Kennlinie. Macht man die Amplituden des Trägers F(t) genügend groß gegen die des Signals u(t), so gilt

$$u_2(t) = \frac{R_2}{R_2 + R_D}\left[u(t) + F(t)\right] \qquad F(t) > 0$$

$$u_2(t) = 0 \qquad\qquad\qquad F(t) < 0$$

u(t) + F(t) wird also mit der Schaltfunktion S(t) multipliziert.

$$S(t) = b \text{ für } F(t) > 0 \,, \quad S(t) = 0 \text{ für } F(t) < 0 \,, \quad \frac{R_2}{R_2 + R_D} = b$$

$$u_2(t) = \left[u(t) + F(t)\right]\cdot S(t) \quad , \quad F(t) = \hat{u}_T \cos 2\pi f_T t \,.$$

Dabei läßt sich die periodische Rechteckschwingung $S(t)$
durch ihre Fourierreihe darstellen $(2\pi f_T = \omega_T)$

$$S(t) = b \left[\frac{1}{2} + \sum_{n=1}^{\infty} \text{si} \left(n \frac{\pi}{2} \right) \cos n\omega_T t \right] \quad .$$

Mit einem Bandfilter der Breite $f_T \pm f_c$ ergibt sich

$$u_{2B}(t) = \frac{b}{2} \hat{u}_T \cos \omega_T t + \frac{2b}{\pi} u(t) \cos \omega_T t = k \cdot \left[1 + m(u) \right] \cdot F(t)$$

mit $\qquad\qquad k = \frac{b}{2} \quad , \qquad m(u) = \frac{4}{\pi \hat{u}_T} u(t) \quad .$

Man erhält also eine lineare Modulationskennlinie.

Zur Demodulation wird das modulierte Signal nochmals moduliert. Dabei ergibt eine geradlinig-geknickte Kennlinie als
demodulierende Kennlinie das Ausgangssignal

$$u_3(t) = u_{2B}(t) \cdot S(t) \quad ,$$

wenn der Modulationsgrad von $u_{2B}(t)$ klein ist. Hier ist in
dem modulierten Signal $u_{2B}(t)$ der Träger enthalten und
braucht daher im Demodulator nicht zugesetzt zu werden. Eine
Begrenzung des demodulierten Signals durch einen Tiefpaß auf
die Bandbreite des ursprünglichen Signals $u(t)$ und Weglassen
der Anteile bei $f=0$ ergibt

$$u_{Dem}(t) = \frac{4}{\pi^2} kb \cdot u(t) \quad .$$

Dieser Demodulator arbeitet also linear. Die geradlinig-geknickte Kennlinie als Spitzengleichrichter oder Einhüllenden-
demodulator liefert auch bei großem Modulationsgrad einen
linearen Demodulator.

Eine quadratische nichtlineare Kennlinie ist für die Demodulation von DSB-AM nur bei kleinem Modulationsgrad geeignet.
Bei der Demodulation entstehen Differenzfrequenzen nicht
nur, wie erwünscht, zwischen Träger und Seitenbändern, sondern auch zwischen oberem und unterem Seitenband, und erzeugen ursprünglich nicht vorhandene Signalanteile.

4.2. Frequenzumsetzung

Die durch Steuerung des Trägerparameters $\hat{u}_T$ definierte Amplitudenmodulation bewirkt die Anpassung des Signals $u(t)$ an die Übertragungsstrecke durch Frequenzumsetzung des Signalfrequenzbandes. Allerdings wird dabei, wie Bild 43 zeigte, neben dem umgesetzten Signalfrequenzband die Trägerfrequenz f_T zusätzlich übertragen. Will man nur das Signalfrequenzband übertragen, so muß man es um die Frequenz $+f_T$ und $-f_T$ verschieben. Die Verschiebung des Signalbandes um f_T entspricht der Multiplikation des Zeitsignals mit $e^{\pm j2\pi f_T t}$. So ergibt sich nach der Umsetzung

$$u_2(t) = u(t)\cdot\hat{u}_T\cdot\frac{1}{2}\left(e^{j2\pi f_T t} + e^{-j2\pi f_T t}\right) = u(t)\cdot\hat{u}_T\cdot\cos2\pi f_T t \ .$$

Diese Multiplikation von Träger $F(t)$ und Signal $u(t)$ wird nach Bild 49 mit einem Brückenmodulator erreicht, bei dem die Amplituden von $F(t)$ sehr groß gegen die von $u(t)$ sind.

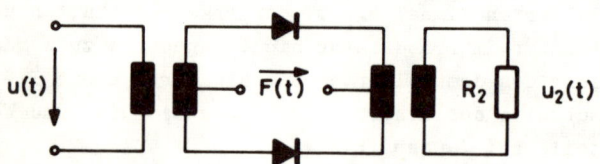

Bild 49 Brückenmodulator

Für diesen gilt

$$u_2(t) = \left[F(t) + u(t)\right]\cdot S(t) - \left[F(t) - u(t)\right]\cdot S(t) \sim u(t)\cdot S(t)$$

$$u_2(t) \sim u(t)\left[\frac{1}{2} + \sum_{n=1}^{\infty} si\left(n\frac{\pi}{2}\right)\cos2\pi n f_T t\right] \ .$$

$u_2(t)$ enthält Spektralanteile bei $U(f)\bullet\!\!-\!\!\circ u(t)$ und obere und untere Seitenbänder bei ungeradzahligen Vielfachen von $\pm f_T$, aber keine Amplitude bei der Trägerfrequenz $\pm f_T$ (Bild 50). Eine solche Modulation wird nach entsprechender Frequenzbandbegrenzung Doppelseitenbandmodulation ohne Träger genannt. Dabei wird das Signalspektrum doppelt übertragen,

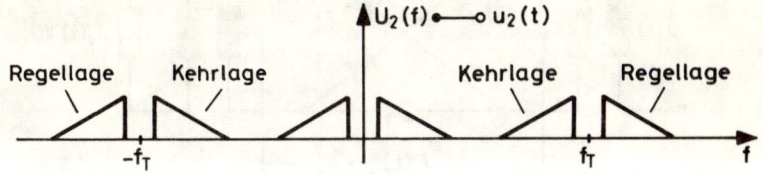

Bild 50 Spektrum am Ausgang des Brückenmodulators

nämlich in Regellage und in Kehrlage. Notwendig ist aber nur
die Übertragung des Signals in Regel- oder Kehrlage. Eine
solche Umsetzung des Signalfrequenzbandes heißt Einseiten-
band-Amplitudenmodulation (ESB-AM). Sie läßt sich am leich-
testen durch Ausfiltern des nicht gewünschten Seitenbandes
aus der DSB-AM ohne Träger erreichen, da die Trägeramplitude
in der Nähe des umgesetzten Bandes nicht unterdrückt zu werden braucht, die sonst bei Modulation mit geradlinig-geknickter Kennlinie wegen der Linearität der Modulation sehr
groß sein muß.

Mehrere Signalfrequenzbänder können durch geeignete Wahl der
Trägerfrequenzen f_T so umgesetzt werden, daß die Signalbän-
der aneinander anschließen und auf diese Weise die volle
Ausnutzung der Bandbreite einer Übertragungsstrecke erreicht
wird. In einer solchen Anordnung werden die Signale im Frequenzmultiplex übertragen. Wenn die Anzahl der in der Strek-
ke nebeneinander unterbringbaren Signalkanäle sehr groß ist,
staffelt man die Frequenzumsetzung, indem man zunächst Gruppen zusammenfaßt, die als Ganzes weiter umgesetzt werden.
Die Ausfilterung des jeweils nicht gewünschten Seitenbandes
läßt sich dadurch einfacher realisieren.

Der Brückenmodulator liefert am Ausgang auch das ursprüngli-
che Signal u(t). Um dieses nicht durch ein Filter unterdrük-
ken zu müssen, benutzt man den in Bild 51 dargestellten
Ringmodulator, der die Eigenschaften von Brücken- und Gegentaktmodulator verbindet.

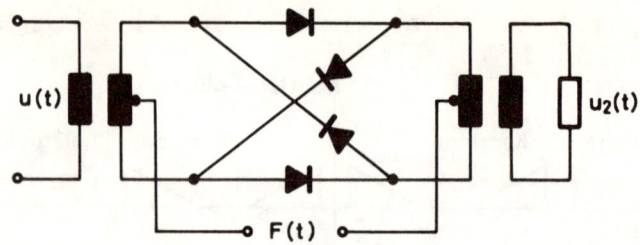

<u>Bild 51</u> Ringmodulator

Die geradlinig-geknickten Kennlinien der nichtlinearen Elemente wirken zusammen mit der großen Amplitude des Trägers
F(t) wie ein Umschalter auf u(t). Bild 52 zeigt die daher
mäanderförmige Ausgangsspannung $u_2(t)$ des Ringmodulators.

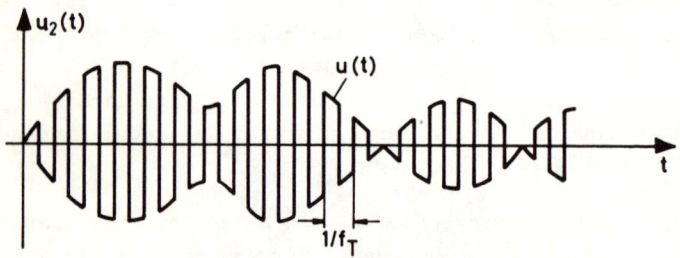

<u>Bild 52</u> Ausgangsspannung des Ringmodulators

Mit der periodischen Rechteckfunktion $\sum\limits_{n=1}^{\infty} si\left(n\frac{\pi}{2}\right)\cos 2\pi n f_T t$ ergibt sich daher die Ausgangsspannung

$$u_2(t) \sim u(t) \sum_{n=1}^{\infty} si\left(n\frac{\pi}{2}\right)\cos 2\pi n f_T t \ .$$

Hierin sind natürlich noch Seitenbänder bei Vielfachen der
Frequenz f_T enthalten, die erst durch das Bandfilter unterdrückt werden.

Bild 53 zeigt einen Modulator, der mit Hilfe von Phasen-
schiebern die für ESB-AM gewünschte Heraushebung des oberen
oder unteren Seitenbandes ermöglicht, so daß nur noch die
auf ungerade höhere Harmonische des Trägers umgesetzten

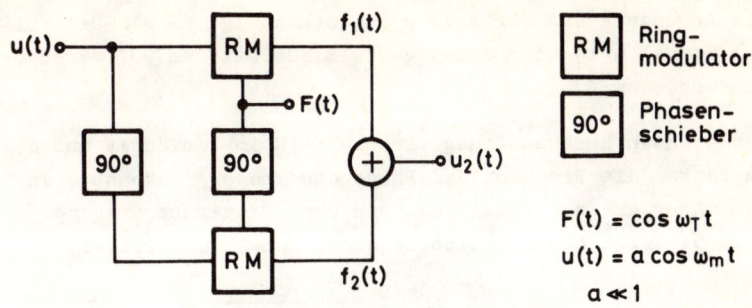

Bild 53 ESB-Modulator

Seitenbänder mit Filtern unterdrückt zu werden brauchen. Die
Funktionsweise ist folgende: Es betragen

$$f_1(t) = K\,a\,\cos\omega_m t \sum_{n=1}^{\infty} si\left(n\,\frac{\pi}{2}\right) \cos n\,\omega_T t \quad \text{und}$$

$$f_2(t) = K\,a\,\sin\omega_m t \sum_{n=1}^{\infty} (j)^{n-1} si\left(n\,\frac{\pi}{2}\right) \sin n\,\omega_T t \quad .$$

Zusammengefaßt ergibt dies

$$u_2(t) = f_1(t)+f_2(t) \sim \cos(\omega_T+\omega_m)t+\cos(\omega_T-\omega_m)t$$

$$+ \cos(\omega_T-\omega_m)t-\cos(\omega_T+\omega_m)t$$

$$+ \frac{1}{3}\cos(3\omega_T+\omega_m)t + \frac{1}{3}\cos(3\omega_T-\omega_m)t$$

$$- \frac{1}{3}\cos(3\omega_T-\omega_m)t + \frac{1}{3}\cos(3\omega_T+\omega_m)t \dots$$

$$u_2(t) \sim \cos(\omega_T-\omega_m)t + \frac{1}{3}\cos(3\omega_T+\omega_m)t \dots$$

Nach einer Filterung von $u_2(t)$, bei der nur die Seitenbänder
bei Vielfachen der Trägerfrequenz unterdrückt zu werden
brauchen, bleibt das untere Seitenband übrig. Wird anstelle
der Addition von $f_1(t) + f_2(t)$ die Differenz
$u_2(t) = f_1(t) - f_2(t)$ gebildet, bleibt das obere Seitenband
übrig.

94

Die Anwendung des Verfahrens ist schwierig, da ein beliebiges Signal u(t) über seine ganze Bandbreite um 90° verschoben werden muß.

Zur exakten Rückumsetzung einer ESB-AM im Empfänger muß dem Empfänger die Frequenz und Phase des Trägers bekannt sein. Man unterscheidet ESB-AM mit und ohne Trägerübertragung. Bild 54 zeigt das Prinzipbild einer ESB-AM mit Träger.

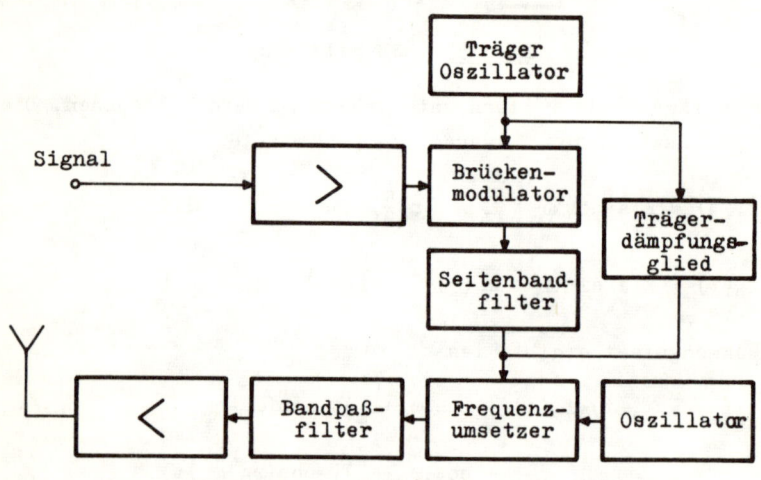

Bild 54 Sender für ESB-AM

Der Brückenmodulator erzeugt eine DSB-AM ohne Träger. Das Seitenbandfilter überträgt nur das gewünschte Seitenband, so daß eine ESB-AM ohne Träger entsteht. Der nach Frequenz und Phase richtige Träger wird aber anschließend zugesetzt. Nur ist seine Amplitude kleiner, als sie für einen Brückenmodulator mit linearer Modulationskennlinie nötig ist. Die dann folgende Frequenzumsetzung der ESB-AM mit Träger auf den Frequenzbereich des Übertragungskanals ist für sich genommen eine ESB-AM ohne Träger. Bei ihr bleibt aber die für die Rückumsetzung notwendige Beziehung des Signals zum Träger der 1. Modulationsstufe erhalten.

Die Rückumsetzung einer ESB-AM ohne Träger ist nur möglich,
wenn das Signal auf Phasenverzerrungen unempfindlich ist,
wie z.B. Sprachsignale. Hier brauchen die Träger auf Sende-
und Empfangsseite nicht phasenstarr miteinander verkoppelt
sein; es genügt eine quarzgenaue Übereinstimmung der beiden
Frequenzen. Bei allen Signalen, bei denen es auf die Form
des Signals ankommt, muß der Träger mitübertragen werden.

Aufgabe 16 :

Der in Bild 55 dargestellte Empfänger besteht aus einem
Hochfrequenzverstärker mit idealem Bandpaßverhalten, einem
ersten Frequenzumsetzer mit dem nichtlinearen Gesetz
$u_3 = u_2(a_0 + a_1 \cdot u_{01})$ und $u_{01} = A \cdot \sin \omega_T' t$, einem ZF-Verstärker
mit idealem Bandpaßverhalten, einem zweiten Frequenzumsetzer
mit dem nichtlinearen Gesetz $u_5 = u_4 \cdot u_{02}$ und
$u_{02} = B \cdot \cos(\omega_T - \omega_T')t$ und einem idealen Tiefpaß-Verstärker.
Die Bandbreiten der drei Filter sind groß genug zur Übertra-
gung der Signalfrequenz ω_m gewählt.

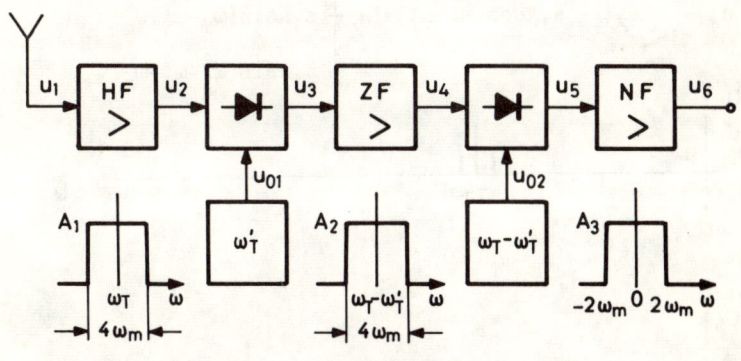

Bild 55   Empfängerschaltung

Bei einem amplitudenmodulierten Eingangssignal
$u_1 = (1 + \sin \omega_m t) \sin \omega_T t$ ergibt sich ein Spektrum $U_1(f)$ aus

$$u_1 = \sin \omega_T t + \frac{1}{2} \cos(\omega_T - \omega_m)t - \frac{1}{2} \cos(\omega_T + \omega_m)t$$

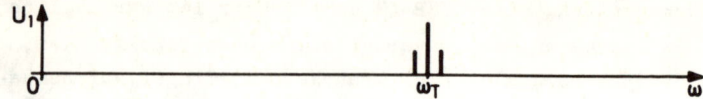

Weiter folgt

$$u_2 = A_1 \cdot u_1$$

$$u_3 = u_2(a_o + a_1 u_{01}) \quad \text{mit} \quad u_{01} = A \cdot \sin\omega_T' t \ ,$$

$$u_3 = A_1(1 + \sin\omega_m t) \sin\omega_T t \ (a_o + a_1 A \sin\omega_T' t) \ ,$$

$$u_3 = A_1\Big[a_o + a_1 A \sin\omega_T' t + a_o \sin\omega_m t + \frac{1}{2} a_1 A \cos(\omega_T' - \omega_m)t$$
$$- \frac{1}{2} a_1 A \cos(\omega_T' + \omega_m)t\Big] \sin\omega_T t$$

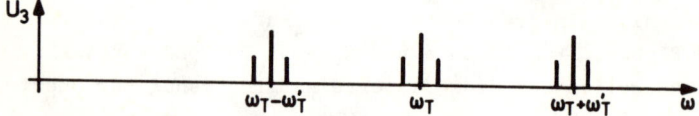

$$u_4 = A_1 A_2 \Big[\frac{1}{2} a_1 A \cos(\omega_T - \omega_T')t + \frac{1}{4} a_1 A \sin(\omega_T - \omega_T' + \omega_m)t$$
$$- \frac{1}{4} a_1 A \sin(\omega_T - \omega_T' - \omega_m)t$$

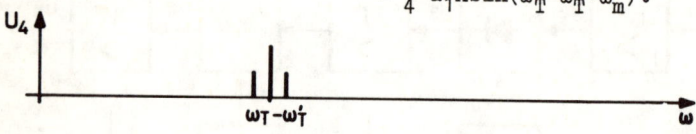

$$u_5 = u_4 \cdot B \cdot \cos(\omega_T - \omega_T')t$$

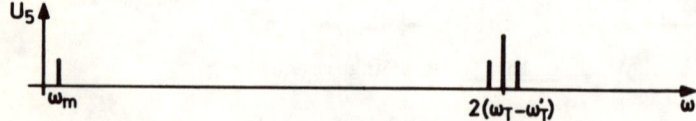

Schließlich lautet das Ausgangssignal

$$u_6 = A_1 A_2 A_3 B\Big[\frac{1}{4} a_1 A + \frac{1}{8} a_1 A \sin\omega_m t + \frac{1}{8} a_1 A \sin\omega_m t\Big]$$

$$u_6 = \frac{1}{4} A_1 A_2 A_3 B a_1 A(1 + \sin\omega_m t) \ .$$

Wie groß ist bei $u_1 = \sin\omega_m t \cdot \sin\omega_T t$, einem Zweiseitenband-
signal mit unterdrücktem Träger, das Ausgangssignal $u_6(t)$?
Wie groß ist bei $u_1 = \cos(\omega_T - \omega_m)t$, einem Einseitenbandsig-
nal, das Ausgangssignal $u_6(t)$?

Im folgenden Beispiel 18 soll gezeigt werden, wie das Signal
verzerrt wird, wenn bei der Demodulation von ESB-AM der Träger mit falscher Phase zugesetzt wird.

Beispiel 18 :

Ein Eingangssignal $u(t) = \sin\omega t + \frac{1}{3}\sin 3\omega t$ wird dem Träger
$\hat{u}_T \cos\omega_T t$ aufmoduliert,

$$u(t) \cdot \hat{u}_T \cos\omega_T t = \frac{1}{2}\hat{u}_T\Big[\sin(\omega_T+\omega)t - \sin(\omega_T-\omega)t\Big]$$
$$+ \frac{1}{6}\hat{u}_T\Big[\sin(\omega_T+3\omega)t - \sin(\omega_T-3\omega)t\Big] .$$

Nach Filterung bleibt als Seitenband in Regellage

$$u_2(t) = \frac{1}{2}\hat{u}_T\Big[\sin(\omega_T+\omega)t + \frac{1}{3}\sin(\omega_T+3\omega)t\Big] .$$

Zur Demodulation wird das ESB-AM-Signal mit dem Träger
$\hat{u}_T\cos(\omega_T t+\varphi)$ multipliziert, wobei φ die falsche Trägerphase
darstellt. Dabei entsteht

$$u_3(t) = \frac{1}{2}\hat{u}_T^2\Big[\sin(\omega_T+\omega)t + \frac{1}{3}\sin(\omega_T+3\omega)t\Big]\cos(\omega_T t+\varphi)$$
$$= \frac{1}{4}\hat{u}_T^2\Big[\sin(\omega t-\varphi) + \frac{1}{3}\sin(3\omega t-\varphi)\Big] + \dots$$

Nach einem Tiefpaß, der die Signalfrequenzen ω und 3ω durch-
läßt, lautet das demodulierte Signal

$$u_{Dem}(t) \sim \sin(\omega t-\varphi) + \frac{1}{3}\sin(3\omega t-\varphi) .$$

Für $\varphi = -90^o$ ergibt sich z.B.

$$u_{Dem}(t) \sim \cos\omega t + \frac{1}{3}\cos 3\omega t .$$

Bild 56 zeigt zum Vergleich das Eingangs- und Ausgangssignal.

98

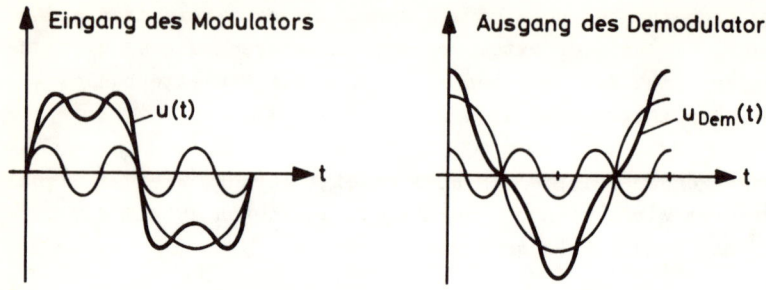

<u>Bild 56</u> Signalverzerrung bei ESB-AM ohne Träger
durch Demodulation mit falscher Träger-
phase

4.3. <u>Frequenzmodulation</u>

Als weitere Parameter zur Modulation einer harmonischen Trägerfunktion stehen φ_T und ω_T zur Verfügung. Beide bilden das
Argument der Trägerfunktion. Man kann daher schreiben :
$F(t) = \cos \varphi(t)$ mit $\hat{u}_T = 1$ und $\varphi(t) = \omega_T t + \varphi_T$; hierin
ist ω_T Spektral- <u>und</u> Momentanfrequenz der Trägerschwingung,
auch Zentralfrequenz genannt. Modulieren läßt sich aber neben $\varphi(t)$ nur die Momentanfrequenz, die, wie im folgenden gezeigt wird, als $\dot{\varphi}(t) = d\varphi/dt$ definiert ist.

Der Unterschied zwischen Momentan- und Spektralfrequenz soll
an einem Beispiel erläutert werden.

<u>Beispiel 19 :</u>

Nach Bild 57 wird die Frequenz einer Schwingung periodisch
umgeschaltet.

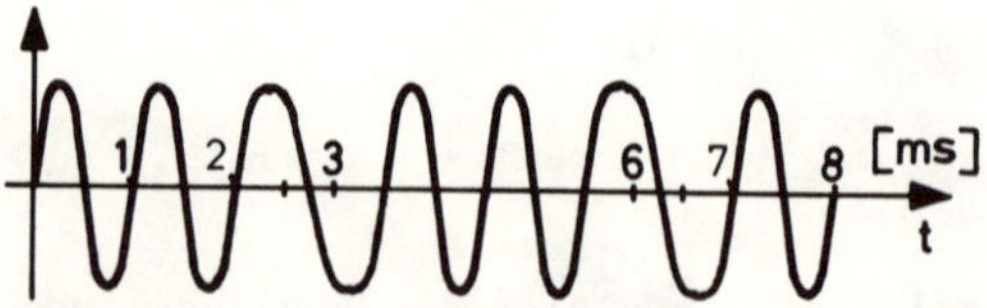

<u>Bild 57</u> Frequenzumtastung

Die Momentanfrequenzen sind leicht mit 1 kHz und 667 Hz aus dem Bild ablesbar. Als Spektralfrequenzen ergeben sich aber ganzzahlige Vielfache von $1000/3,5 = 285,7$ Hz, wie eine Darstellung als Fourierreihe zeigt. Darin kommen 1 kHz und 667 Hz nicht vor. Ein sehr schmalbandiges Filter wird nur die Spektralfrequenzen anzeigen können. Nur ein weniger schmales Filter wird schnell genug einschwingen und kann dann bei Abstimmung auf die Momentanfrequenz eine Ausgangsamplitude abgeben.

Aus der Trägerphase $\varphi(t)$ ergeben sich somit folgende Modulationsmöglichkeiten :

$$\varphi(t) = \omega_T t + \varphi_T + K_\varphi \cdot u(t) \quad \text{Phasenmodulation (PM)}$$

$$\varphi(t) = \omega_T + K_\omega \cdot u(t) \qquad \text{Frequenzmodulation (FM)}$$

Man erkennt die enge Verwandschaft der beiden Modulationsverfahren, so daß künftig oft Frequenzmodulation als Sammelbegriff für FM und PM benutzt wird. Denn es gilt auch

$$\dot{\varphi}(t) = \omega_T + K_\varphi \cdot \dot{u}(t) \quad \text{PM}$$

D.h. man kann PM durchführen, indem man das differenzierte Signal frequenzmoduliert, oder frequenzmodulieren, indem man das integrierte Signal phasenmoduliert. K_φ und K_ω sind die Steilheiten der Modulationskennlinien.

Die maximale Änderung der Phase $\varphi(t)$ gegenüber der Trägerphase $\omega_T t + \varphi_T$ nennt man den Phasenhub $\Delta\varphi$, die maximale Änderung der Momentanfrequenz $\frac{1}{2\pi} \cdot \dot{\varphi}(t)$ gegenüber der Trägerfrequenz $\frac{1}{2\pi} \cdot \omega_T$ den Frequenzhub ΔF. Bei sinusförmigem Signal $u(t) = \hat{u} \cdot \sin \omega_m t$ mit $\omega_m = 2\pi f_m$ ergibt sich damit für die Phasenmodulation

$$\Delta\varphi = K_\varphi \cdot \hat{u} \quad \text{und} \quad \Delta F = K_\varphi \hat{u} f_m = \Delta\varphi \cdot f_m$$

und für die Frequenzmodulation

$$\Delta F = \frac{1}{2\pi} K_\omega \hat{u} \quad \text{und} \quad \Delta\varphi = K_\omega \hat{u}/\omega_m = \Delta F/f_m$$

100

Bei geeigneter Wahl des Zeitpunktes t = 0 wird φ_T = 0; dann ergibt sich als Ausgangssignal das Modulationsprodukt eines Phasenmodulators zu

$$u_2(t) = \cos(\omega_T t + \Delta\varphi \sin \omega_m t)$$
$$= \cos \omega_T t \cos(\Delta\varphi \sin \omega_m t) - \sin \omega_T t \sin(\Delta\varphi \sin \omega_m t) \ .$$

$\cos(\Delta\varphi \sin \omega_m t)$ und $\sin(\Delta\varphi \sin \omega_m t)$ sind periodische Funktionen der Zeit und lassen sich daher in eine Fourierreihe entwickeln. Es gilt nämlich

$$e^{j\Delta\varphi \sin\omega_m t} = \sum_{n=-\infty}^{+\infty} c_n e^{jn\omega_m t}$$

$$c_n = \frac{1}{2\pi} \int_{-\pi}^{+\pi} e^{j(\Delta\varphi \sin x - nx)} dx = J_n(\Delta\varphi)$$

und damit
$$\cos(\Delta\varphi \sin \omega_m t) = \sum_{n=-\infty}^{+\infty} J_n(\Delta\varphi)\cos\left(n\omega_m t\right)$$

$$\sin(\Delta\varphi \sin \omega_m t) = \sum_{n=-\infty}^{+\infty} J_n(\Delta\varphi)\sin\left(n\omega_m t\right)$$

Die Besselfunktionen sind reell und in Bild 65 abhängig von n und $\Delta\varphi$ dargestellt.

Bei geradem n gilt $\quad J_n(\Delta\varphi) = J_n(-\Delta\varphi) = J_{-n}(\Delta\varphi)\quad$ und

bei ungeradem n $\quad\quad J_n(\Delta\varphi) = -J_n(-\Delta\varphi) = -J_{-n}(\Delta\varphi)$.

Daraus ergeben sich die Reihen

$$\cos(\Delta\varphi \sin\omega_m t) = J_o(\Delta\varphi) + 2J_2(\Delta\varphi) \cdot \cos 2\omega_m t + 2J_4(\Delta\varphi) \cdot \cos 4\omega_m t + \ldots$$

$$\sin(\Delta\varphi \sin\omega_m t) = 2J_1(\Delta\varphi) \cdot \sin\omega_m t + 2J_3(\Delta\varphi) \cdot \sin 3\omega_m t + \ldots$$

Setzt man diese ein, so erhält man

$$u_2(t) = J_o(\Delta\varphi)\cos\omega_T t + \sum_{n=1}^{\infty} J_n(\Delta\varphi) \left[\cos(\omega_T + n\omega_m)t + \right.$$
$$\left. + (-1)^n \cdot \cos(\omega_T - n\omega_m)t\right]$$

Bei sinusförmigem Signal besteht das modulierte Signal aus
unendlich vielen Spektrallinien mit den Besselfunktionswer-
ten als Amplituden an den Stellen $\omega_T \pm n\omega_m$.

Bei kleinem Phasenhub $\Delta\varphi$ brauchen nur der Träger und die erste obere und untere Seitenfrequenz (n=1) berücksichtigt zu
werden. Es gilt

$$u_2(t) = \cos(\omega_T t + \Delta\varphi \sin\omega_m t)$$

$$= \cos\omega_T t \cos(\Delta\varphi \sin\omega_m t) - \sin\omega_T t \sin(\Delta\varphi \sin\omega_m t)$$

und mit $\Delta\varphi \ll 1$

$$\cos(\Delta\varphi \sin \omega_m t) \approx 1 \ , \quad \sin(\Delta\varphi \sin \omega_m t) \approx \Delta\varphi \sin \omega_m t$$

$$u_2(t) \approx \cos \omega_T t - \Delta\varphi \sin \omega_m t \cdot \sin \omega_T t$$

$$u_2(t) \approx \cos \omega_T t + \frac{\Delta\varphi}{2} \left[\cos(\omega_T + \omega_m)t - \cos(\omega_T - \omega_m)t \right]$$

Bild 58 zeigt das Spektrum, Bild 59 das Zeigerdiagramm dieser Schwingung. Sie wird auch als Schmalband-FM bezeichnet.

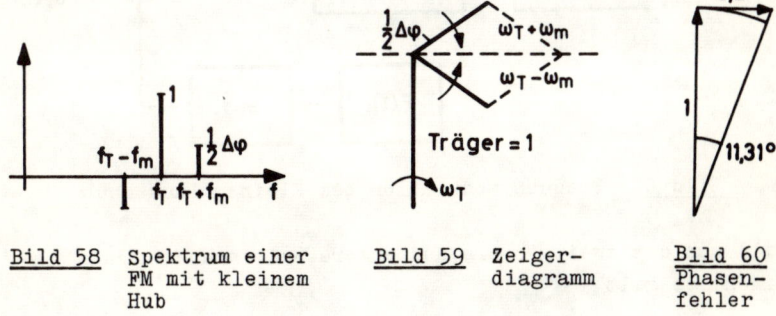

__Bild 58__ Spektrum einer
FM mit kleinem
Hub

__Bild 59__ Zeiger-
diagramm

__Bild 60__
__Phasen-__
__fehler__

Bei $\Delta\varphi \lesssim 0{,}2$ bleibt der durch die Vernachlässigung der übrigen Seitenbänder entstehende Fehler unter 2 %. Im Bild 60
erkennt man, daß bei $\Delta\varphi = 0{,}2$ und Vernachlässigung der Seitenbänder für $n \gtrless 2$ der Phasenhub zu arctan $0{,}2 = 11{,}31°$

wird. Er müßte aber $0,2 \cdot 180/\pi = 11,46^{\circ}$ betragen. Das entspricht einem Phasenfehler von 1,3 %. Der Amplitudenfehler
beträgt etwa 2 %.

Das Zeigerdiagramm von Bild 59 zeigt die Möglichkeit der Erzeugung von PM im Armstrong-Modulator. Einem DSB-AM-Signal
ohne Träger wird ein um 90° in der Phase gedrehter Träger
zugesetzt. Die Bilder 61 und 62 zeigen die Durchführung dieses Prinzips bei PM und FM.

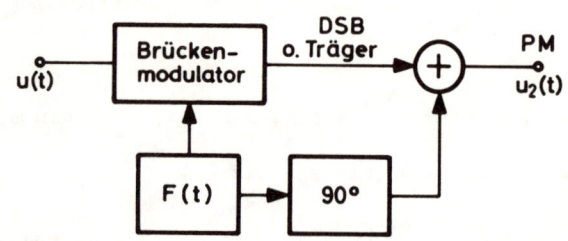

<u>Bild 61</u> Phasenmodulation bei kleinem Phasenhub

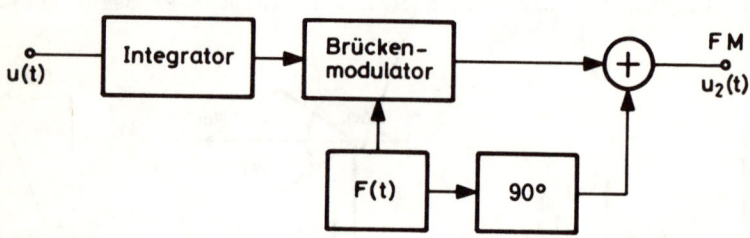

<u>Bild 62</u> Frequenzmodulation bei kleinem Phasenhub

Will man das zweite obere und untere Seitenband berücksich-
tigen, so gilt

$$u_2(t) = \cos\omega_T t \cos(\Delta\varphi\sin\omega_m t) - \sin\omega_T t \sin(\Delta\varphi\sin\omega_m t) \ ,$$

$$\cos(\Delta\varphi\sin\omega_m t) \approx 1 - \frac{1}{2}\Delta\varphi^2 \cdot \sin^2\omega_m t \ ,$$

$$\sin(\Delta\varphi\sin\omega_m t) \approx \Delta\varphi\sin\omega_m t \ ,$$

hierbei wurde $\frac{1}{6}\Delta\varphi^3 \ll \Delta\varphi$ bzw. $\Delta\varphi^2 \ll 6$ vorausgesetzt,

$$u_2(t) \approx (1-\tfrac{1}{4}\Delta\varphi^2)\cdot\cos\omega_T t + \tfrac{1}{2}\Delta\varphi\left[\cos(\omega_T+\omega_m)t - \cos(\omega_T-\omega_m)t\right] +$$

$$+ \tfrac{1}{8}\Delta\varphi^2\left[\cos(\omega_T+2\omega_m)t + \cos(\omega_T-2\omega_m)t\right]$$

Bild 63 zeigt das Spektrum und Bild 64 das Zeigerdiagramm.

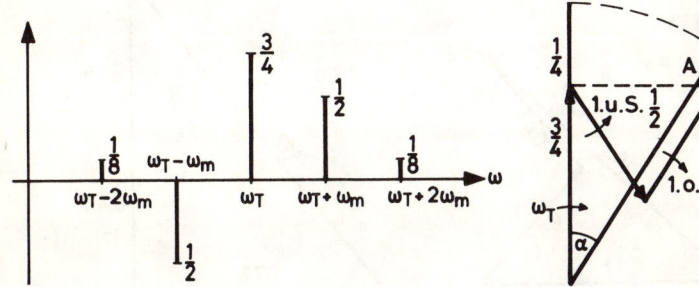

Bild 63 Spektrum der Frequenzmodu- Bild 64 Zeigerdia-
         lation bei $\Delta\varphi=1$ gramm für
                                                   die Zeiger-
Aus Bild 64 ergeben sich für den resul-   stellung bei
tierenden Zeiger als Amplitude $\omega_m t = \pi/6$

$$A = \sqrt{\left(\frac{3}{4}+\frac{1}{8}\right)^2 + \left(\frac{1}{2}\right)^2} = \sqrt{\frac{65}{64}} \approx 1$$

und als Phase $\alpha = \mathrm{arctg}\left(\frac{1}{2}\Big/\frac{7}{8}\right) = 29,7^{\circ}$.

Der richtige Phasenwinkel lautet

$$\Delta\varphi \sin\omega_m t = 1\cdot\sin\frac{\pi}{6} \mathrel{\hat{=}} 28,7^{\circ} \ .$$

Eine Berechnung der Signalfehler durch Berücksichtigung nur
des 1. oder bis zum 2. Seitenband stellt Beispiel 20 dar.

Beispiel 20 :
Berücksichtigt man nur die 1. Seitenbänder, so gilt

$$u_2(t) = J_0(\Delta\varphi)\cos\omega_T t + J_1(\Delta\varphi)\left[\cos(\omega_T+\omega_m)t - \cos(\omega_T-\omega_m)t\right] .$$

Das ergibt für $\Delta\varphi = 1$ folgende Zeigerdiagramme bei
$J_0(1) = 0,77$ und $J_1(1) = 0,44$:

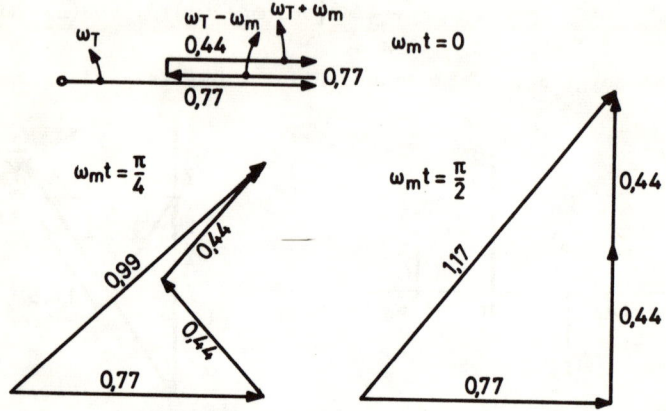

Die Hüllkurve und der Phasenwinkel gegenüber $\omega_T t$ haben dann
folgenden Verlauf :

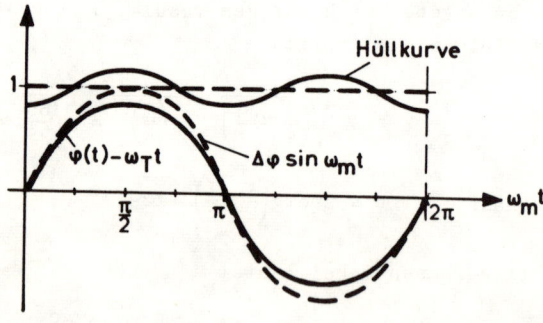

Berücksichtigt man auch die 2. Seitenbänder, so gilt

$$u_2(t) = J_0(\Delta\varphi)\cos\omega_T t + J_1(\Delta\varphi)\left[\cos(\omega_T+\omega_m)t - \cos(\omega_T-\omega_m)t\right] +$$
$$+ J_2(\Delta\varphi)\left[\cos(\omega_T+2\omega_m)t + \cos(\omega_T-2\omega_m)t\right]$$

Das ergibt folgende Zeigerdiagramme bei $J_2(1) = 0,11$:

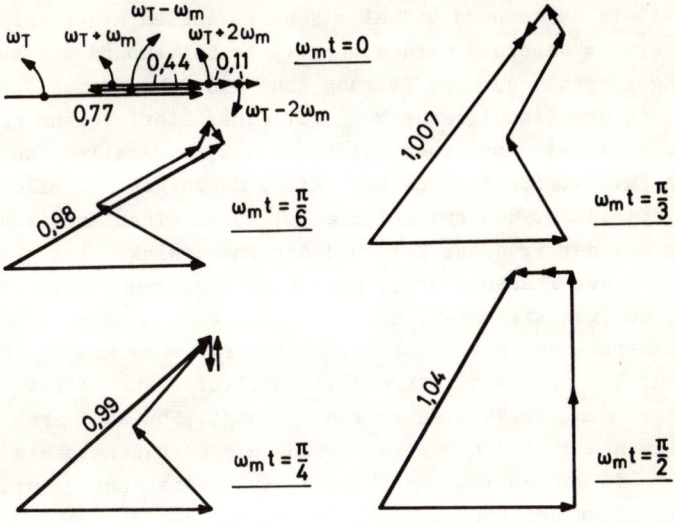

Hier haben die Hüllkurve und der Phasenwinkelfehler folgenden Verlauf :

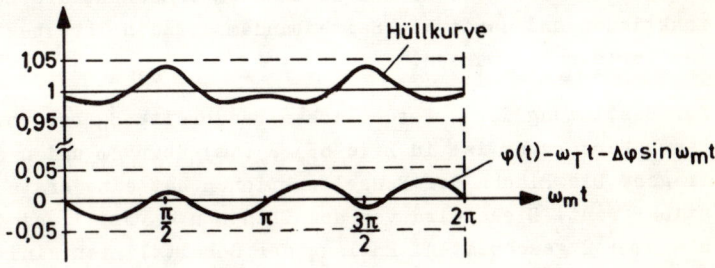

Ein phasen- oder frequenzmoduliertes Signal hat ein unend-
lich breites Spektrum und kann daher nur unter Zulassung von
Verzerrungen übertragen werden. Denn die Bandbreite B_H jeder
Übertragungsstrecke ist endlich. Ist f_m die Signalfrequenz

und reicht die Bandbreite von $f_T + \frac{1}{2} B_H$ bis $f_T - \frac{1}{2} B_H$, so
sollen k Seitenbänder übertragen werden, $kf_m = \frac{1}{2} B_H$. Das
(k+1)-te Seitenband und alle höheren werden abgeschnitten.
In erster Näherung wird das (k+1)-te Seitenband die Verzerrungen bestimmen. Die Störung kann man daher durch Überlagerung der Signalfrequenz f_m mit einer Störfrequenz $(k+1)f_m$,
die geeignete Amplitude und Phase hat, darstellen, so daß
das (k+1)-te Seitenband Null wird. So zeigen die Bilder des
Beispiels 20, daß bei k=1 die Hüllkurve einen Amplitudenfehler mit der Frequenz $2 \cdot f_m$ und der Phasenwinkel eine Verklei-
nerung des Phasenhubs $\Delta\varphi$, aber kaum Verzerrungen zeigt. Bei
k=2 dagegen sieht man, daß der Phasenwinkel neben einer Ver-
kleinerung des Phasenhubs $\Delta\varphi$ eine Verzerrung mit der Frequenz $3 \cdot f_m$ besitzt, während die Hüllkurve nur kleine Verzerrungen höherer Vielfacher von f_m zeigt. Nun sind aber bei
Frequenzmodulation nur Verzerrungen des Phasenwinkels stö-
rend, da die Amplitudenfehler durch Amplitudenbegrenzung be-
seitigt werden können. Daher wirkt nur das Weglassen von
Frequenzen $\omega_T \pm n\omega_m$ mit ungeradzahligem n verzerrend. Aber
nicht nur das Weglassen, sondern auch schon das unterschiedliche Bedämpfen oder Verstärken der einzelnen Seitenbänder
bringt Verzerrungen, da bei bestimmtem Phasenhub die Besselfunktionen und damit die Seitenbandamplituden ihre bestimmten Werte haben müssen.

Zur Bestimmung der erforderlichen Bandbreite B_H bei vorgege-
bener Verzerrung ist in Bild 65 $J_n(\Delta\varphi)$ über $\Delta\varphi$ und n aufge-
tragen. Die Fläche der Besselfunktionen hat eine erste An-
stiegsfront. Diese wird von den Ebenen $n = \Delta\varphi + 1$ und
$n = \Delta\varphi + 2$ geschnitten. Entlang der Schnittlinien sind
$J_n(n-1)$ bzw. $J_n(n-2)$ näherungsweise konstant. Durch diese
Eigenschaft ist der Fehler durch Frequenzbandbegrenzung bei
kleinem $\Delta\varphi$ und kleinem n, d.h. kleiner Anzahl von Seitenbändern bei Vielfachen der Signalfrequenz f_m, etwa so groß wie
bei großem $\Delta\varphi$ und großer Anzahl von Seitenbändern. Ist nun
der Frequenzhub ΔF bei allen Signalfrequenzen f_m innerhalb

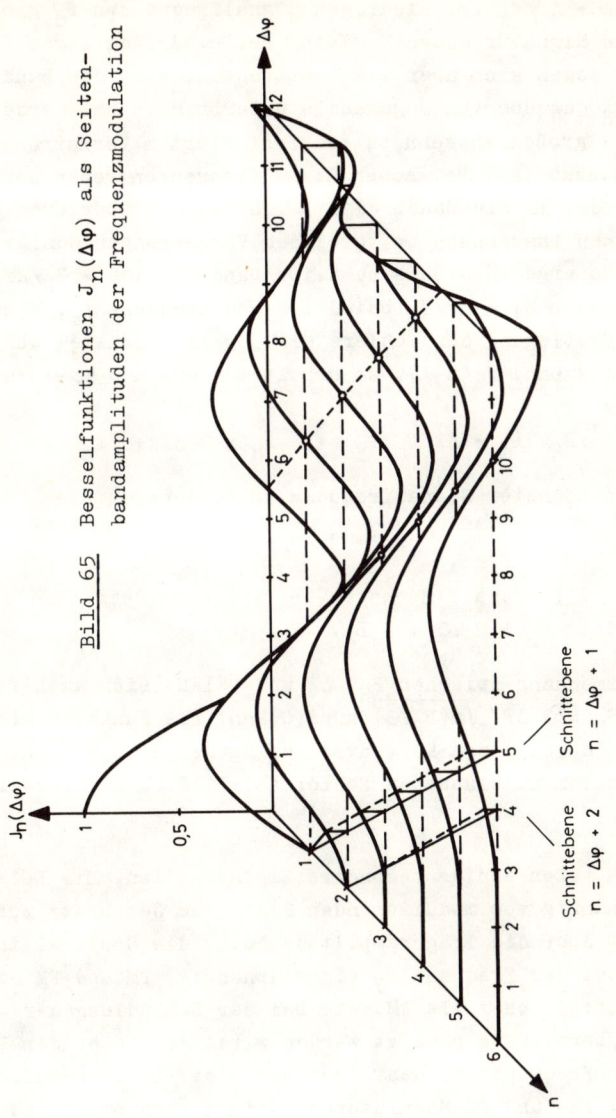

Bild 65 Besselfunktionen $J_n(\Delta\varphi)$ als Seitenbandamplituden der Frequenzmodulation

des Signalbandes der Bandbreite B konstant, so ist der Phasenhub $\Delta\varphi = \Delta F/f_m$ bei niedrigen Signalfrequenzen f_m groß und bei hohen Signalfrequenzen klein. Bei niedrigen Signalfrequenzen lassen sich aber viele Seitenbänder in der Bandbreite B_H des Übertragungskanals unterbringen und werden wegen des großen Phasenhubs bei festgelegtem Verzerrungsmaß auch benötigt. Bei hohen Signalfrequenzen gehen wenige Seitenbänder in die Bandbreite B_H. Es werden aber auch wegen des kleinen Phasenhubs bei gleichen Verzerrungen wenige benötigt. So ergeben sich eine Seitenbandanzahl $n = B_H/2f_m$ und ein Phasenhub $\Delta\varphi = \Delta F/f_m$ bei der Signalfrequenz f_m. Wählt man zur Festlegung des Fehlers als jeweils höchstes übertragenes Seitenband $J_n(n-1)$, so erhält man aus $n = \Delta\varphi+1$ durch Einsetzen

$$B_H/2f_m = \Delta F/f_m + 1 \quad , \quad B_H = 2\cdot\Delta F + 2f_m \quad .$$

Mit B als höchster Signalfrequenz folgt dann

$$B_H = 2\cdot\Delta F + 2B$$

Wählt man $J_n(n-2)$ als höchstes übertragenes Seitenband, so ergibt sich $B_H = 2\cdot\Delta F + 4\cdot B$.

Der Zusammenhang zwischen B_H, ΔF und B läßt sich auch formal als $B_H = 2\cdot\Delta F/ \sqrt{m(B_H/B)}$ ausdrücken. Die Funktion $m(B_H/B)$ kann dann durch einen Kurvenverlauf dargestellt werden. Sie hängt vom zugelassenen Fehler ab. Bild 66 zeigt zwei Beispiele.

PM unf FM haben einige besondere Eigenschaften. Die Leistung ist unabhängig vom modulierenden Signal im Gegensatz zur AM. Dafür ist aber die Trägeramplitude, d.h. die Spektrallinie $J_0(\Delta\varphi)$, bei der Frequenz f_m signalabhängig. PM und FM sind störunempfindlicher als AM, wie bei der Behandlung der gestörten Übertragung gezeigt werden wird. Je größer der Phasen- oder Frequenzhub, desto geringer ist die Störempfindlichkeit. PM- und FM-Modulatoren liefern aber häufig zu geringe Phasen- bzw. Frequenzhübe, wenn sie eine lineare Modu-

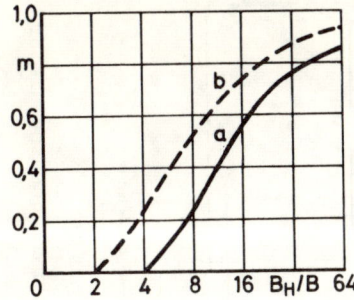

$$m\left(\frac{B_H}{B}\right) = \frac{4 \cdot \Delta F^2}{B_H^2}$$

a) $\quad B_H = 2 \cdot \Delta F + 4B$,

$\quad\quad m = (1 - 4B/B_H)^2$

b) $\quad B_H = 2 \cdot \Delta F + 2B$,

$\quad\quad m = (1 - 2B/B_H)^2$

Bild 66   Beziehung zwischen hochfrequenter Bandbreite B_H, Signalbandbreite B und Frequenzhub ΔF

lationskennlinie haben sollen. Daher wird durch Frequenzver-
vielfachung der Phasen- und Frequenzhub vergrößert. Aus der
Phasenmodulation mit kleinem Hub entsteht an einer nichtli-
nearen Kennlinie ein Signal $\cos^n(\omega_T t + \Delta\varphi \sin\omega_m t)$, das bei der
Trägerfrequenz $n \cdot \omega_T$ den Anteil $\cos(n\omega_T t + n \cdot \Delta\varphi \cdot \sin\omega_m t)$ mit dem
n-fachen Phasenhub enthält. Damit dieser Teil mit einem
Bandfilter abtrennbar ist, darf er sich nicht mit anderen
spektralen Anteilen überlappen. Es muß also gelten

$$nf_T - (n \cdot \Delta F + 2B) > (n-1)f_T + \left[(n-1)\Delta F + 2B\right] ,$$

$$f_T > (2n-1) \cdot \Delta F + 4B .$$

Dadurch wird der maximale Vervielfachungsfaktor n festgelegt.
Mehrstufige Vervielfachung mit dazwischenliegenden Bandfil-
tern ermöglicht einen größeren Gesamtvervielfachungsfaktor.
AM-Störungen können bei PM und FM durch Amplitudenbegrenzung
unterdrückt werden. Die Begrenzung setzt allerdings voraus,
daß die Information des Signals allein in den Nulldurchgän-
gen untergebracht ist.

Bild 67 zeigt einen indirekten Frequenzmodulator. Er arbeitet nach dem Prinzip von Bild 62. Der Träger ist quarzsta-
bil. Frequenzvervielfacher erhöhen den Phasen- und Frequenzhub. Bei der direkten FM nach Bild 68 steuert das Signal in

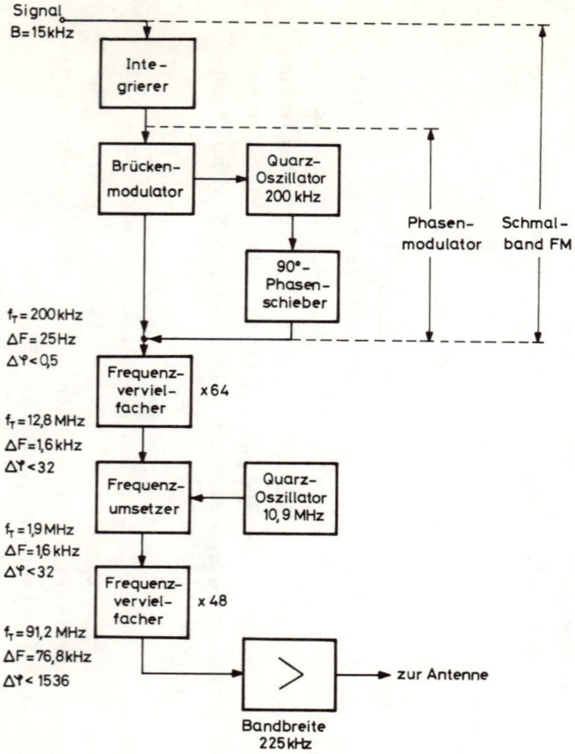

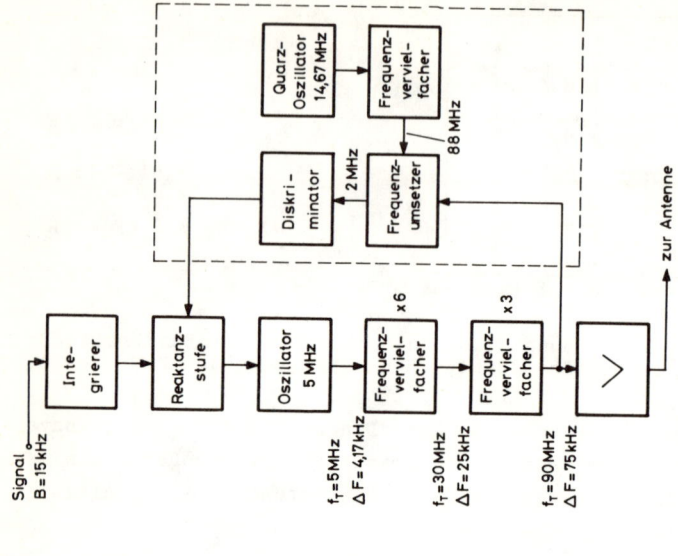

Bild 68 Direkter Frequenzmodulator

Signal
B=15kHz

Inte-
grierer → Reaktanz-
stufe → Oszillator
5 MHz → Frequenz-
verviel-
facher x6 → Frequenz-
verviel-
facher x3 → zur Antenne

f_T=5MHz
ΔF=4,17kHz

f_T=30MHz
ΔF=25kHz

f_T=90MHz
ΔF=75kHz

Quarz-
Oszillator
14,67 MHz → Frequenz-
verviel-
facher → 88 MHz

Diskri-
minator ← Frequenz-
umsetzer
2 MHz

Bild 67 Armstrong-Frequenzmodulator

Schmal-
band FM

Phasen-
modulator

Signal
B=15kHz

Inte-
grierer → Brücken-
modulator → Frequenz-
verviel-
facher x64 → Frequenz-
umsetzer → Frequenz-
verviel-
facher x48 → zur Antenne

Quarz-
Oszillator
200 kHz → 90°-
Phasen-
schieber

Quarz-
Oszillator
10,9 MHz

Bandbreite
225kHz

f_T=200kHz
ΔF=25Hz
$\Delta \Psi$<0,5

f_T=12,8 MHz
ΔF=1,6kHz
$\Delta \Psi$<32

f_T=1,9MHz
ΔF=1,6kHz
$\Delta \Psi$<32

f_T=91,2 MHz
ΔF=76,8kHz
$\Delta \Psi$<1536

der Reaktanzstufe die Frequenz des Oszillators. Die Reaktanzstufe erreicht bei linearer Modulation höhere Frequenzhübe als der Armstrong-Modulator. Daher wird nur ein kleiner
Frequenzvervielfachungsfaktor benötigt. Damit auch hier die
Frequenz f_T stabil genug steht, ist ein Regelkreis mit Pha-
sendiskriminator erforderlich.

Die Frequenzdemodulation erfolgt durch Umwandlung der FM in
AM in einer frequenzabhängigen Schaltung (z.B. im Flankende-
modulator an der Flanke eines Filterfrequenzganges) und an-
schließender AM-Demodulation. In einem Frequenzdiskriminator,
wie ihn Bild 69 beschreibt, sind beide Vorgänge verwirklicht.

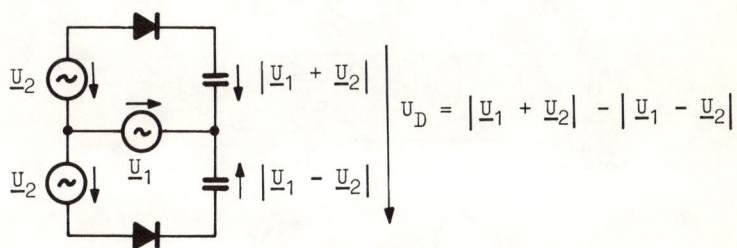

$$U_D = \left| \underline{U}_1 + \underline{U}_2 \right| - \left| \underline{U}_1 - \underline{U}_2 \right|$$

<u>Bild 69</u>   Prinzip eines Frequenzdiskriminators

$\underline{U}_1$ ist das FM-Signal, $\underline{U}_2 = K \cdot \underline{U}_1 \cdot e^{j\left(\frac{\pi}{2} - \varphi\right)}$ ist die Ausgangsspannung eines Bandfilters. Ihr Winkel φ hängt von der Mo-
mentanfrequenz des FM-Signals ab. Die Spannungen $\underline{U}_1$ und $\underline{U}_2$
werden in der Schaltung entsprechend zusammengefügt. Bild 70
zeigt zwei Zeigerdiagramme, die die Wirkungsweise des Diskriminators erläutern.

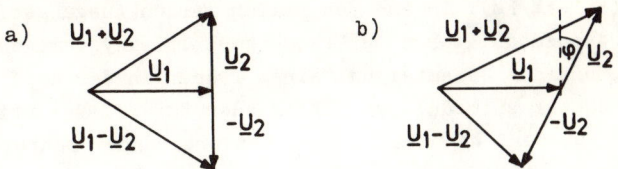

<u>Bild 70</u>   Zeigerdiagramme

Bei der Zentralfrequenz ergibt das Bandfilter den Winkel
$\varphi = 0$ (Bild 70a). Bei einer Momentanfrequenz, die um den momentanen Frequenzhub von der Zentralfrequenz abweicht, hat
der Winkel φ einen vom Phasengang des Bandfilters abhängigen
Wert (Bild 70b). Daraus ergibt sich die Signalausgangsspannung U_D des Diskriminators

$$U_D = \left| \underline{U}_1 (1 + K\, e^{j(\frac{\pi}{2} - \varphi)}) \right| - \left| \underline{U}_1 (1 - K\, e^{j(\frac{\pi}{2} - \varphi)}) \right|$$

$$U_D = \left| \underline{U}_1 \right| \left\{ \sqrt{\left[1 + K\cos(\frac{\pi}{2} - \varphi) \right]^2 + \left[K\sin(\frac{\pi}{2} - \varphi) \right]^2} \right.$$

$$\left. - \sqrt{\left[1 - K\cos(\frac{\pi}{2} - \varphi) \right]^2 + \left[K\sin(\frac{\pi}{2} - \varphi) \right]^2} \right\}$$

$$U_D = \left| \underline{U}_1 \right| \sqrt{1 + K^2} \left(\sqrt{1 + \frac{2K\sin\varphi}{1 + K^2}} - \sqrt{1 - \frac{2K\sin\varphi}{1 + K^2}} \right)$$

bei $\varphi \ll \frac{\pi}{2}$, $\sqrt{1 \pm \frac{2K\sin\varphi}{1 + K^2}} \approx 1 \pm \frac{K\sin\varphi}{1 + K^2}$, $\sin\varphi \approx \varphi$

$$U_D \approx \left| \underline{U}_1 \right| \cdot \frac{2K}{\sqrt{1 + K^2}} \cdot \varphi$$

Die Demodulationskennlinie ist also bei nicht zu großer Verstimmung und geeignetem Phasengang des Bandfilters linear.

Manche Übertragungsstrecken verwenden Mehrfachmodulationen.
Dafür seien einige Beispiele genannt. Ausgangssignale von
Amplitudenmodulatoren, insbesondere als ESB-AM, werden zu
Frequenzmultiplexsystemen zusammengefaßt. Das Gesamtsignal
moduliert in einer zweiten Stufe einen Träger in der Frequenz (ESB-AM/FM). In anderen Fällen werden Ausgangssignale
von Frequenzmodulatoren zu Frequenzmultiplexsysteme zusammengefaßt, und das Gesamtsignal einem Träger in der Amplitude
oder Frequenz aufmoduliert (FM/AM oder FM/FM). Derartige Systeme entstehen, wenn ein Signal hintereinander mehrere Teilübertragungsstrecken mit unterschiedlichen Übertragungseigenschaften in Frequenzlage, Bandbreite und Dynamik durchläuft.

4.4. Pulsmodulation

Bei den Pulsmodulationsverfahren besteht der Träger, wie auf
S.78 und in Bild 71a gezeigt, aus Folgen von Rechteckimpul-
sen. Das Spektrum des Trägers
$F(t)=\sum\limits_{n=-\infty}^{+\infty} A\left[\sigma(t-nT_0)-\sigma(t-\tau-nT_0)\right]$
ergibt sich durch Fourierrei-
henentwicklung zu

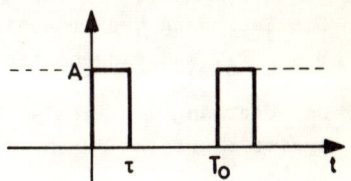

$$|c_n| = A\cdot\frac{\tau}{T_0}\ si\ \left(n\,\pi\,\frac{\tau}{T_0}\right).$$

Bild 71b zeigt Spektren dieser Rechteckpulse bei verschiedenen Werten von τ/T_0.
Ähnlich wie bei der Frequenzmodulation überträgt man auch
bei der Pulsmodulation nicht
die volle Bandbreite des Mo-
dulationsprodukts, sondern
nimmt einen gewissen Fehler
durch die Frequenzbandbegrenzung des Übertragungskanals
in Kauf. Man erkennt, daß für
$\tau/T_0 = \frac{1}{2}$ die für gleichen re-
lativen Fehler erforderliche
Bandbreite am kleinsten ist.
Man wählt daher gern $\tau \approx \frac{1}{2}\,T_0$.
Das gilt bei Einfachausnut-
zung der Strecke. Bei Mehr-
fachausnutzung im Zeitmultiplex mit z Kanälen wird
$\tau = \frac{1}{z}\cdot\frac{1}{2}\cdot T_0$ angestrebt.

Bild 71a Periodische Recht-
eckfolge als Puls-
modulationsträger

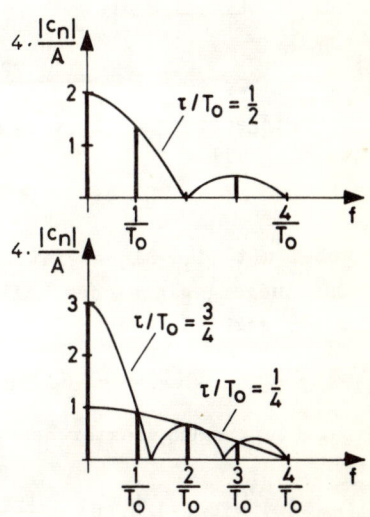

Bild 71b Spektren der Rechteckpulse bei ver-
schiedenen τ/T_0

4.4.1. <u>Pulsamplitudenmodulation</u>

PAM wird durch Abtastung erzeugt. Allerdings wird $\tau \ll T_0$ wie
bei der Abtastung nicht eingehalten, sondern die Pulsfläche
$A \cdot \tau$ ist der Signalamplitude im Abtastzeitpunkt proportional.
Die Bedingung des Abtasttheorems von S.45, Signalbandbreite
$B < \frac{1}{2} T_0$, muß eingehalten werden.

Der Übergang vom idealen Abtastvorgang zur PAM mit der Pulsbreite τ erfolgt durch einen Haltekreis, wie ihn Bild 72
zeigt.

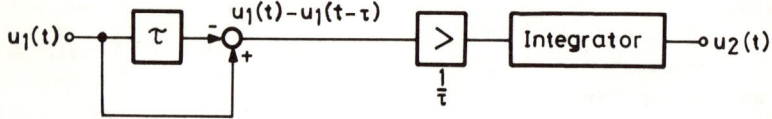

<u>Bild 72</u>   Haltekreis

Das Eingangssignal $u_1(t) \circ\!\!-\!\!\bullet U_1(p)$ entspricht der idealen Abtastung mit

$$u_1(t) = \sum_{n=-\infty}^{+\infty} T_0 \ u(nT_0) \ \delta(t-nT_0) \quad ,$$

wobei $u(t)$ das Signal ist, das im Abstand T_0 abgetastet wird.
**Das Ausgangssignal des Haltekreises liefert das PAM-Signal
$u_2(t)$ gemäß**

$$u_2(t) \circ\!\!-\!\!\bullet U_2(p) = \frac{1}{p} \frac{1}{\tau} (1-e^{-p\tau}) \ U_1(p) \quad .$$

Der Übertragungsfaktor des Haltekreises lautet also

$$W(p) = U_2(p)/U_1(p) = \frac{1-e^{-p\tau}}{p\tau} \quad , \quad W(f) = si(\pi f\tau) \ e^{-j\pi f\tau} \quad .$$

Bild 73 zeigt das sich daraus ergebende Spektrum der PAM.
Das periodische Spektrum des Abtastvorgangs ist durch die
endliche Impulsbreite τ mit $si(\pi f\tau)$ multipliziert. Im Modu-
lationsspektrum ist das Signal enthalten. Bei $\tau/T_0 \ll 1$ kann
aus dem PAM-Signal $u_2(t)$ das Signal $u(t)$ durch einen Tiefpaß

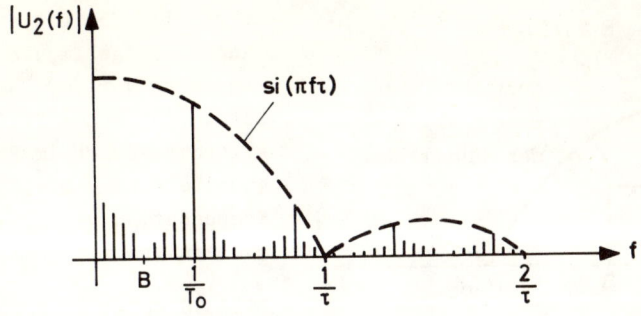

<u>Bild 73</u> Spektrum der PAM

mit der Grenzfrequenz B wiedergewonnen werden. Die Demodulation mit einem Tiefpaß ist auch möglich, wenn $\tau/T_0 \ll 1$ nicht
erfüllt ist. Nur muß dann der Faktor $si(\pi f\tau)$, der das Spektrum des Signals $u(t)$ verfälscht, durch ein Korrekturglied
mit dem Übertragungsfaktor $1/si(\pi f\tau)$ kompensiert werden.

Bei Zeitmultiplexsystemen ist $\tau/T_0 \ll 1$ meistens erfüllt.
Dann hat aber nach einer Tiefpaßdemodulation das Signal nur
geringe Leistung, weil die Impulsamplitude A nicht groß genug gemacht werden kann. Man verlängert daher im Empfänger
nach Trennung der Kanäle des Zeitmultiplexsystems die Impulse, wie in Bild 74 gezeigt.

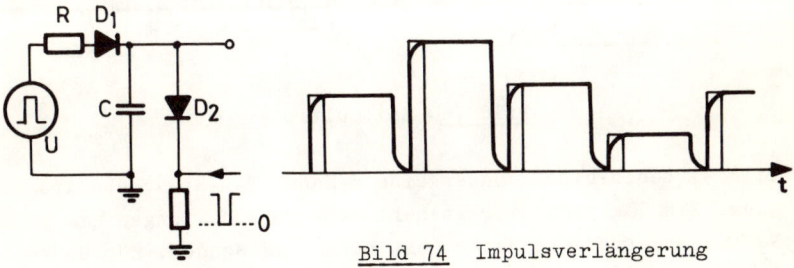

<u>Bild 74</u> Impulsverlängerung

Dieses Verfahren entspricht dem Haltekreis nach Bild 72 mit
$\tau = T_0$, wenn das PAM-Signal als Folge idealer Impulse ange-
sehen werden kann. Den Übertragungsfaktor dieses Haltekreises

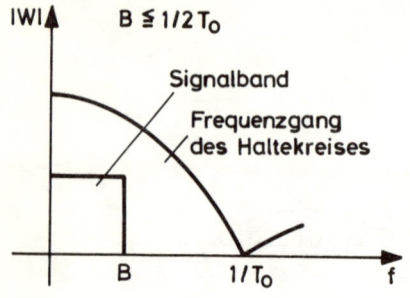

Bild 75 Haltekreis zur Impuls-
verlängerung auf $\tau = T_0$

zeigt Bild 75. Die emp-
fängerseitige Impulsver-
längerung vor der Demodu-
lation durch den Tiefpaß
erfordert daher im Fre-
quenzbereich 0 bis B eine
Kompensation des Fre-
quenzganges mit $1/si(\pi f T_0)$

Bild 76 zeigt im Prinzip
die Erzeugung eines 8-Ka-
nal-Zeitmultiplex-PAM-
Signals. Das PAM-Signal
kann unipolar oder bipolar sein. Das letztere enthält keine
Gleichkomponente, wenn die Signale keine enthalten.

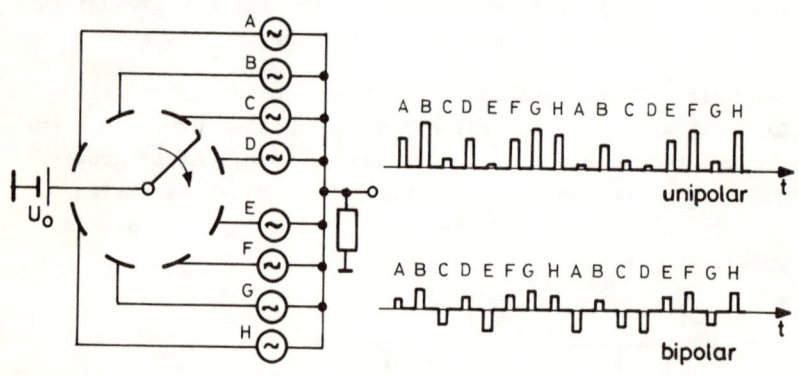

Bild 76 Zeitmultiplex

Bild 77 beschreibt genauer eine 8-Kanal-PAM-Sprachübertra-
gung. Ein Taktgenerator steuert über Torschaltungen die
Nacheinanderabtastung der acht Kanäle im Sender. Zur Übertragung genügt eine Bandbreite von 64 kHz. Das entspricht
etwa der doppelten Bandbreite, die ein ESB-AM-Frequenzmul-
tiplexsystem zur Übertragung der gleichen Kanäle benötigt.
Am Empfänger können die ursprünglichen Abtastimpulse durch

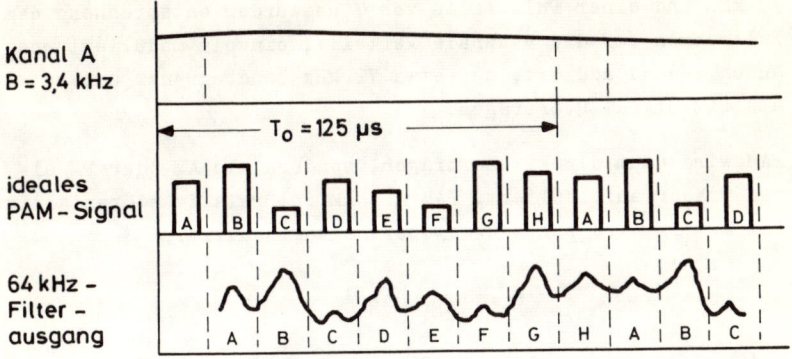

Kanal A
B = 3,4 kHz

ideales
PAM – Signal

64 kHz –
Filter –
ausgang

Bild 77 Acht-Kanal-PAM-Sprachübertragung

Entzerrerschaltungen und erneute Abtastung des Zeitmulti-
plexsignals wiedergewonnen werden.

Beispiel 21 zeigt ein Zeitmultiplexsystem mit unterschiedlichen Kanalbandbreiten.

Beispiel 21 :

Fünf Kanäle A, B, C, D und E sollen in einem PAM-Zeitmulti-
plexsystem übertragen werden. Die Kanäle A bis C benötigen
4 kHz, die Kanäle D und E 12 kHz Bandbreite. Daraus ergibt
sich folgender Pulsrahmen :

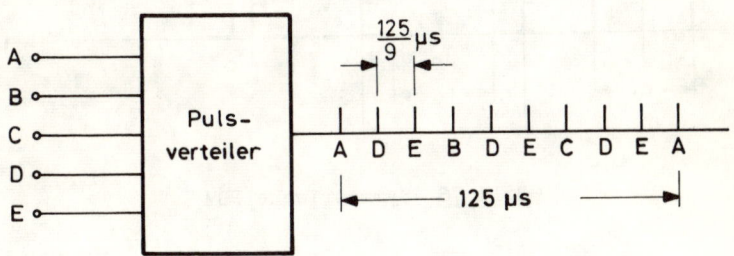

Die Rahmenlänge beträgt $T = 1/2 \cdot B_A = 125$ µs, die Pulsfolgefrequenz 9/T = 72 kHz. Die Pulse eines Pulsgenerators mit

72 kHz und einer Pulsbreite von 7 µs wurden entsprechend dem
Pulsrahmen auf die 5 Kanäle verteilt, einzeln moduliert und
anschließend addiert, auf etwa 72 kHz bandbegrenzt und so
als PAM-Signal übertragen.

PAM wird kaum direkt übertragen, sondern als AM oder FM einem Träger aufmoduliert. PAM mit AM ist relativ störanfällig.
PAM mit FM wird zur Meßwertübertragung benutzt.

4.4.2. Pulsdauermodulation

Diese Modulationsart wird als symmetrische PDM oder unsymmetrische PDM ausgeführt. Bei der symmetrischen PDM (Bild 78)

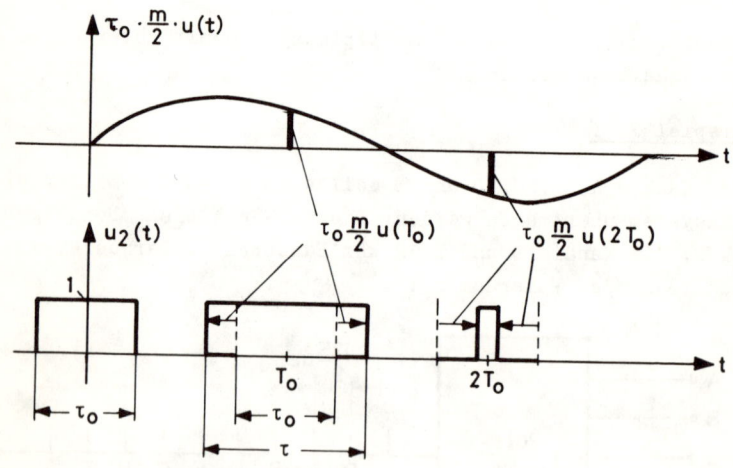

Bild 78 Symmetrische PDM

werden beide Flanken der Impulse gegensinnig in der Lage moduliert. Die Impulse haben die Amplitude A=1, den Abstand T_0
und die Breite τ. τ ändert sich abhängig vom Signal u(t).

Dabei wird die Breite $\tau(nT_0)$ vom Wert $u(nT_0)$ zum Abtastzeitpunkt $t = nT_0$ bestimmt, der jeweils in der Impulsmitte liegt. Bei linearer Modulationskennlinie gilt

$$\tau(nT_0) = \tau_0\left[1 + m \cdot u(nT_0)\right] \ .$$

Das Amplitudendichtespektrum des modulierten Ausgangssignals $u_2(t)$ lautet dann

$$U_2(f) = \sum_{n=-\infty}^{+\infty} \tau(nT_0)\,\text{si}\left[\pi f \tau(nT_0)\right] \cdot e^{-j2\pi f n T_0}$$

Wählt man ein periodisches Signal $u(t) = \sin 2\pi f_m t$, so ergibt sich

$$U_2(f) = \sum_{n=-\infty}^{+\infty} \frac{1}{\pi f}\,\sin\left[\pi f \tau_0(1+m\sin 2\pi f_m n T_0)\right] \cdot e^{-j2\pi f n T_0}$$

$$U_2(f) = \frac{1}{j2\pi f}\,e^{j\pi f \tau_0}\sum_{n=-\infty}^{+\infty} e^{j\pi f \tau_0 m\sin 2\pi f_m n T_0} \cdot e^{-j2\pi f n T_0}$$

$$- \frac{1}{j2\pi f}\,e^{-j\pi f \tau_0}\sum_{n=-\infty}^{+\infty} e^{-j\pi f \tau_0 m\sin 2\pi f_m n T_0} \cdot e^{-j2\pi f n T_0}$$

Mit $m\pi\dfrac{\tau_0}{T_0} = \Delta\varphi$ als Phasenhub der PDM gilt, wie bei der FM auf Seite 100 gezeigt,

$$e^{j\Delta\varphi \cdot f \cdot T_0 \sin 2\pi f_m n T_0} = \sum_{q=-\infty}^{+\infty} J_q(\Delta\varphi \cdot f \cdot T_0) \cdot e^{j2\pi q f_m n T_0}$$

wobei J_q die Besselfunktionen q-ter Ordnung sind. Damit enthält $U_2(f)$ die Doppelsumme

$$\sum_{n=-\infty}^{+\infty} \sum_{q=-\infty}^{+\infty} J_q(\Delta\varphi \cdot f \cdot T_0) \cdot e^{-j2\pi(f-qf_m)\cdot n T_0}$$

Nun gilt nach dem Verschiebungssatz (S.35)

$$\sum_{n=-\infty}^{+\infty} e^{-j2\pi f n T_0} \circ\!\!-\!\!\bullet \sum_{n=-\infty}^{+\infty} \delta(t-nT_0) \ .$$

Die rechte Seite dieser Korrespondenz stellt eine periodische Zeitfunktion mit der Periodendauer $T_0 = 1/f_0$ dar. Wird diese periodische Zeitfunktion in eine Fourierreihe entwickkelt (S.38), so erhält man ein Linienspektrum mit Spektrallinien der Größe $1/T_0$ bei den Frequenzen $f = nf_0$. Somit gilt

$$\sum_{n=-\infty}^{+\infty} e^{-j2\pi f n T_0} = \frac{1}{T_0} \sum_{n=-\infty}^{+\infty} \delta(f-nf_0)$$

Überträgt man diese Darstellung auf die Doppelreihe, so ergibt sich

$$\sum_{q=-\infty}^{+\infty} J_q(\Delta\varphi \cdot f \cdot T_0) \sum_{n=-\infty}^{+\infty} e^{-j2\pi(f-qf_m)nT_0} =$$

$$= \frac{1}{T_0} \sum_{q=-\infty}^{+\infty} J_q(\Delta\varphi \cdot f \cdot T_0) \sum_{n=-\infty}^{+\infty} \delta(f-qf_m-nf_0)$$

Setzt man dieses Ergebnis in $U_2(f)$ ein, so erhält man

$$U_2(f) = \sum_{n=-\infty}^{+\infty} \sum_{q=-\infty}^{+\infty} c_{nq} \; \delta(f-nf_0-qf_m)$$

D.h. das modulierte Signal $u_2(t)$ ist doppelperiodisch und enthält die diskreten Frequenzen $f = nf_0+qf_m$. Die Koeffizienten c_{nq} lauten damit unter Berücksichtigung aller Glieder in $U_2(f)$ und der Eigenschaften der Besselfunktionen nach S.100

$$c_{nq} = \frac{1}{j2\pi(n+qf_mT_0)} \; J_q[(n+qf_mT_0)\Delta\varphi]$$

$$\left[e^{j\pi(nf_0+qf_m)\tau_0} - (-1)^q \cdot e^{-j\pi(nf_0+qf_m)\tau_0}\right]$$

Daraus folgt bei geradem q

$$c_{nq} = \frac{\tau_0}{T_0} \, \text{si}\left[\pi(n+qf_mT_0)\cdot\frac{\tau_0}{T_0}\right] J_q[(n+qf_mT_0)\Delta\varphi]$$

und bei ungeradem q

$$c_{nq} = \frac{1}{j\pi(n+qf_mT_0)} \cos\left[\pi(n+qf_mT_0)\cdot\frac{\tau_0}{T_0}\right] J_q[(n+qf_mT_0)\Delta\varphi]$$

In Bild 79 ist der Verlauf dieses diskreten Spektrums skizziert. Für q = 0 ergeben sich die Frequenzlinien bei nf_0 zu

$$c_{no} = \frac{\tau_0}{T_0} \, J_0(n\Delta\varphi)\cdot\text{si}\left(\pi n \frac{\tau_0}{T_0}\right).$$

Das Grundspektrum um $f = 0$ ist durch n = 0 gekennzeichnet. Die Spektrallinien dieses Grundspektrums lauten:

$$c_{oo} = \frac{\tau_o}{T_o} \ ; \quad c_{o1} = -c_{o-1} = -j \ \frac{1}{\pi f_m T_o} \ \cos(\pi f_m \tau_o) \ J_1(f_m T_o \Delta\varphi) \ ;$$

bei $J_1(x) \approx \frac{x}{2}$ für $x \ll 1$ und $\pi f_m \tau_o \ll 1$ gilt $c_{o1} \approx -j \ \frac{m}{2} \ \frac{\tau_o}{T_o}$ und

$c_{oq} \approx 0$ bei $|q| \geqq 2$, da $\frac{J_q(x)}{x} \approx 0$ für $x \ll 1$ und $|q| \geqq 2$ ist.

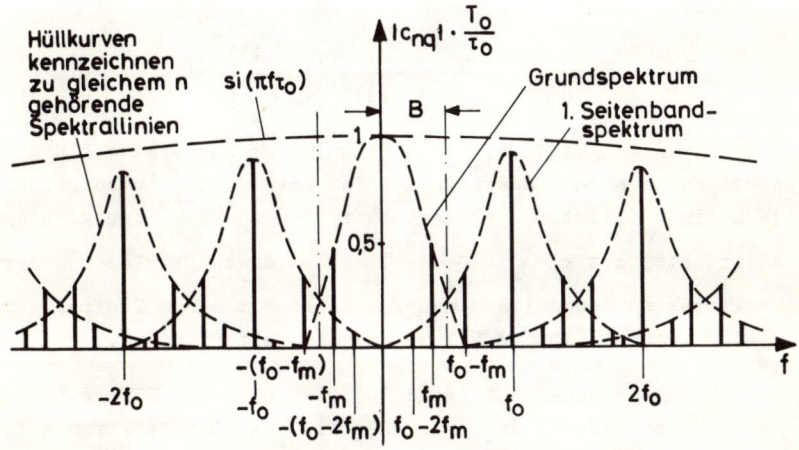

Bild 79 Amplitudenspektrum bei symmetrischer PDM (m=1)

Wenn $f_m \tau_o \ll 1$ hinreichend erfüllt wird, enthält das Grundspektrum somit im wesentlichen nur das modulierende Signal.
Dann ist die Demodulation mit einem Tiefpaß möglich. Wie
Bild 79 zeigt, reicht aber das 1. Seitenbandspektrum um
$f = f_o$, mit n = 1, in das Grundspektrum hinein und hat eine
störende Spektrallinie bei $f_o - 2 \cdot f_m$ mit der Größe

$$c_{1,-2} = \frac{\tau_o}{T_o} \ \text{si}\left[\pi(1-2f_m T_o) \ \frac{\tau_o}{T_o}\right] J_2\left[(1-2f_m T_o)\Delta\varphi\right] \ .$$

Bei $\frac{\tau_o}{T_o} \ll 1$ und $J_2(x) \approx \frac{1}{8} x^2$ für $x \ll 1$ gilt

$$c_{1,-2} = \frac{1}{8} \ m^2 \pi^2 \ \frac{\tau_o^3}{T_o^3} \left(1 - 2 \ \frac{f_m}{f_o}\right)^2 \ .$$

Der Klirrfaktor dieser Störung ergibt sich zu

$$k_{f_o-2f_m} = \left| \frac{c_{1,-2}}{c_{o1}} \right| \approx \frac{m}{4} \pi^2 \frac{\tau_o^2}{T_o^2} \left(1 - 2 \frac{f_m}{f_o} \right)^2 .$$

In einem Zeitmultiplexsystem mit z Kanälen ist $\tau_o/T_o = 1/2z$ und bei Einhaltung des Abtasttheorems die Signalbandbreite $B = 1/2T_o$. Damit ergibt sich

$$k_{f_o-2f_m} = \frac{\pi^2}{4} m \frac{1}{(2z)^2} \left(1 - \frac{f_m}{B} \right)^2 !$$

Für $f_m < \frac{1}{2} B$ liegt $c_{1,-2}$ außerhalb der Bandbreite B und stört daher nicht; andererseits ist aber $k_{f_o-2f_m}$ umso größer, je kleiner f_m ist. Daher ergibt $f_m = \frac{1}{2} B$ den größten Klirrfaktor mit $k_{f_o-B} = \frac{m \cdot \pi^2}{64 \cdot z^2}$. Stört diese Überlappung der Spektren, so demoduliert man PDM nicht mit einem Tiefpaß, sondern wandelt PDM in PAM um und demoduliert diese.

Bei unsymmetrischer PDM (Bild 80) wird nur eine Flanke in der Lage moduliert, die andere steht fest. Das Spektrum hat eine ähnliche Struktur wie in Bild 79.

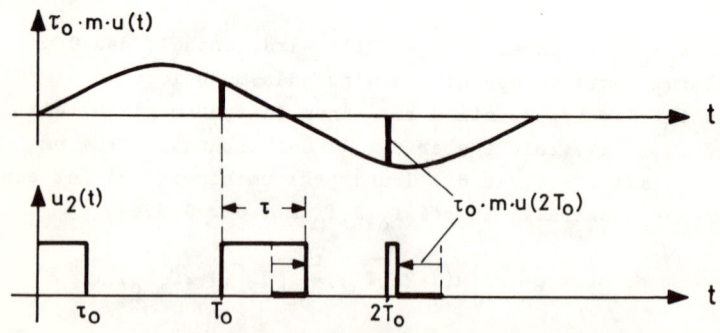

Bild 80 Unsymmetrische PDM

Bild 81 zeigt im Prinzip die Erzeugung von unsymmetrischer PDM für ein Zeitmultiplexsystem mit $z=3$ Kanälen. Das Signal u(t) wird mit T_o abgetastet und der Abtastwert für die Dauer T_o/z gehalten. Die Sägezahnspannung $u_H(t)$ wandelt die Amplituden von $u_1(t)$ in Impulsbreiten um.

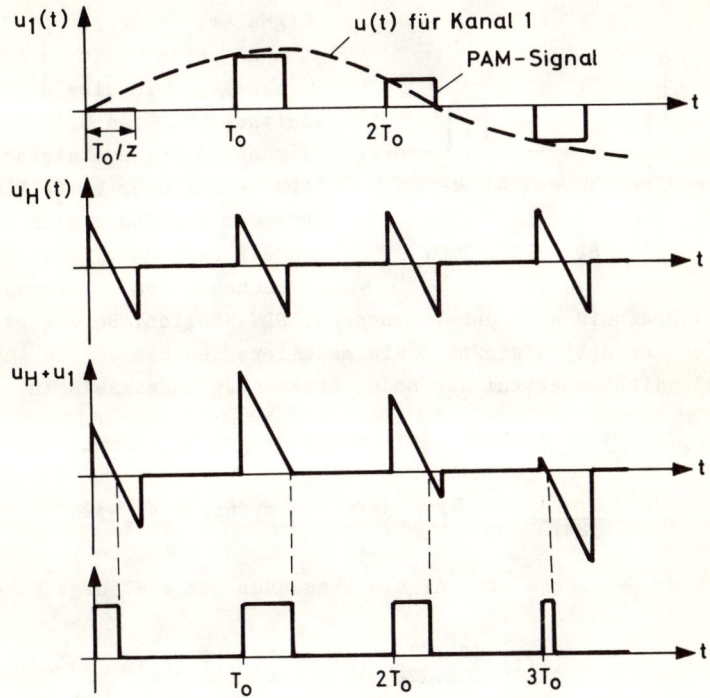

<u>Bild 81</u> Erzeugung von PDM für einen Kanal dargestellt

<u>Aufgabe 17 :</u>

Für die unsymmetrische Pulsdauermodulation mit fester Flanke bei $t=nT_o$ und modulierter Flanke bei $t=nT_o+\tau_o(1+m\cdot\sin2\pi f_m nT_o)$ ist das Frequenzspektrum zu bestimmen.

Insbesondere ist der Klirrfaktor

$$k_{f_o-2f_m} = \left| \frac{c_{1,-2}}{c_{o,\ 1}} \right|$$

anzugeben und für z=24 Kanäle bei m=0,5 zu berechnen.

4.4.3. Pulsphasenmodulation

PPM wird auch als Pulslagemodulation bezeichnet. Bei ihr ändert sich die zeitliche Lage der Impulse abhängig von der

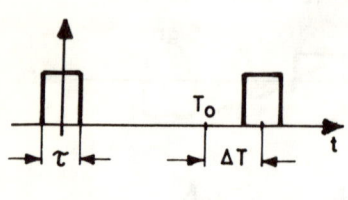

Signalamplitude zur Zeit $t = nT_0$. Die maximale Auslenkung der Impulse heißt Zeithub ΔT (Bild 82). Im Unterschied zur symmetrischen PDM werden hier beide Flanken der Impulse gleichsinnig in der Lage moduliert. Die Berechnung des Spektrums und

Bild 82 PPM-Impuls

das Ergebnis sind daher denen bei PDM ähnlich. So ergibt sich für $u(t) = \sin 2\pi f_m t$ als modulierendes Signal das Amplitudendichtespektrum des modulierten Ausgangssignals zu

$$U_2(f) = \frac{1}{j2\pi f} e^{j\pi f\tau} \sum_{n=-\infty}^{+\infty} e^{j\pi f\tau \cdot m \cdot \sin(2\pi f_m n T_0)} \cdot e^{-j2\pi f n T_0}$$

$$- \frac{1}{j2\pi f} e^{-j\pi f} \sum_{n=-\infty}^{+\infty} e^{j\pi f\tau \cdot m \cdot \sin(2\pi f_m n T_0)} \cdot e^{-j2\pi f n T_0}$$

Mit $m\pi\frac{\tau}{T_0} = \Delta\varphi = 2\pi f_0 \cdot \Delta T$ als Phasenhub der PPM folgt daraus

$$U_2(f) = \frac{\tau}{T_0} \operatorname{si}(\pi f\tau) \sum_{n=-\infty}^{+\infty} \sum_{q=-\infty}^{+\infty} J_q(\Delta\varphi \cdot f \cdot T_0) \, \delta(f - q f_m - n f_0)$$

und damit wieder ein doppelperiodisches Spektrum

$$U_2(f) = \sum_{n=-\infty}^{+\infty} \sum_{q=-\infty}^{+\infty} c_{nq} \, \delta(f - q f_m - n f_0) \quad \text{mit}$$

$$c_{nq} = \frac{\tau}{T_0} \operatorname{si}\left[\pi(n f_0 + q f_m)\tau\right] \cdot J_q\left[(n + q f_m T_0)\Delta\varphi\right] .$$

Die Linien des Grundspektrums haben hier die Werte

$$c_{oo} = \frac{\tau}{T_0} \,, \quad c_{o1} = c_{o,-1} = \frac{\tau}{T_0} \operatorname{si}(\pi f_m \tau) \, J_1(f_m T_0 \Delta\varphi) \approx \frac{1}{2}\Delta\varphi f_m \tau$$

$$c_{oq} \approx 0 \quad \text{für} \quad |q| \geqq 2$$

Trennt man bei PPM das Grundspektrum um $f = 0$, also für $n = 0$, mit einem Tiefpaß ab, so erhält man

$$u_{2B}(t) = \frac{1}{2} \Delta\varphi \cdot f_m \cdot \tau \left(e^{j2\pi f_m t} + e^{-j2\pi f_m t} \right)$$

$$= \Delta\varphi \cdot f_m \cdot \tau \cdot \cos 2\pi f_m t \sim \dot{u}(t) \quad .$$

Es ergibt sich also nicht das Signal $u(t)$, mit dem moduliert wurde, sondern das differenzierte Signal $\dot{u}(t)$. Daher demoduliert man meistens PPM, indem man sie erst in PDM umwandelt und dann das Grundspektrum mit einem Tiefpaß ausfiltert. Bild 83 zeigt die Erzeugung von PPM über PDM. Man erkennt, daß bei Zeitmultiplexbetrieb mit z Kanälen der Zeithub $\Delta T \leqq T_0/2z$ bleiben muß.

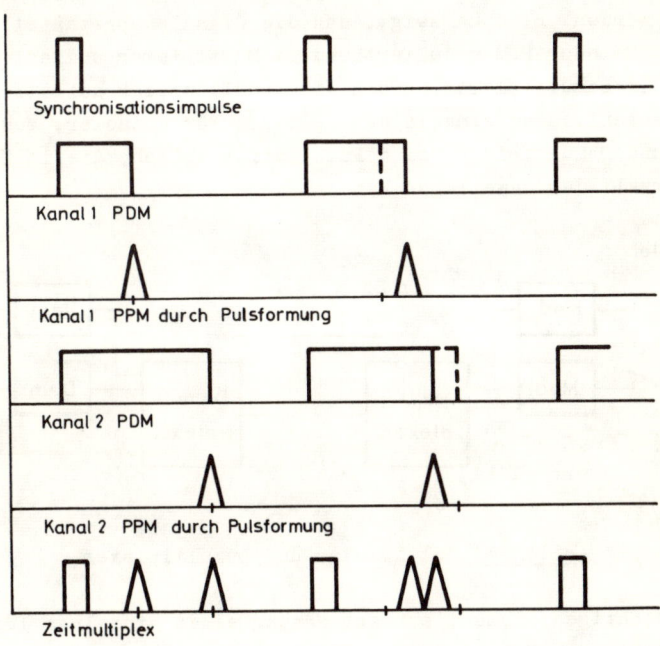

Bild 83 Erzeugung von Pulsphasenmodulation

4.4.4. Zeitmultiplexsysteme

Das Ausgangssignal von Zeitmultiplexsystemen besteht aus einer Folge von Impulsen, einem sogenannten Puls, der wiederum
aus den Pulsen der Kanäle zusammengefügt ist. Daher müssen
für die Modulation und für die Demodulation Taktimpulse in
zeitlich richtiger Aufteilung zur Verfügung gestellt werden.
Dies geschieht in Pulsverteilern. Ein Taktgenerator liefert
für z Kanäle einen Takt mit der Pulsfolgefrequenz z/T_0, wenn
T_0 das Zeitintervall zwischen den Abtastzeitpunkten eines
Kanals ist. Die z Zeitintervalle der Breite T_0/z bilden den
Rahmen des Zeitmultiplexsystems. Im Multiplexer muß das
räumliche Nebeneinander der Kanäle in ein zeitliches Nacheinander umgewandelt werden und im Demultiplexer das zeitliche Nacheinander in ein räumliches Nebeneinander rückgewan-
delt werden. Bild 84 zeigt, daß die Signale abgetastet, in
PAM, PDM oder PPM moduliert und im Multiplexer addiert werden. Im Demultiplexer werden die Kanäle wieder aufgetrennt
und anschließend einzeln demoduliert. Für Abtaster, Modulator und Demultiplexer sind Pulse erforderlich, die im Zeitintervall des jeweiligen Kanals liegen.

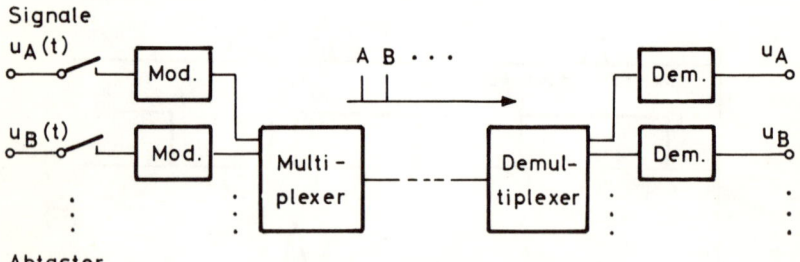

Bild 84 Multiplexer und Demultiplexer

Ein wichtiges Element zur Abtrennung eines einzelnen Impulses aus einem Puls ist das additive Zeitfilter. Der Puls a
in Bild 85 kann in PDM oder PPM moduliert oder unmoduliert

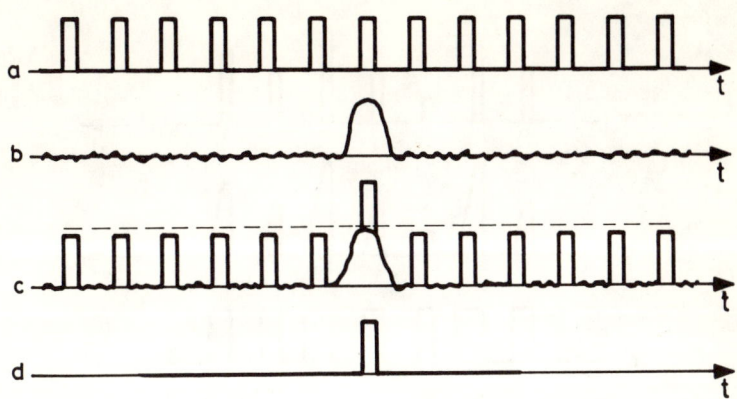

<u>Bild 85</u> Pulsverteiler mit additivem Zeitfilter

sein und enthält z Kanäle. Der Impuls b kennzeichnet durch
seine Lage das Zeitintervall des auszufilternden Kanals. Dabei braucht er weder in der Form oder Lage sehr genau, noch
moduliert zu sein. Der Impuls d enthält die Information des
aus Puls a ausgeblendeten Impulses.

Bei der Pulsmodulation treten häufig Umwandlungen zwischen
den Modulationsarten auf. Die Bilder 86 und 87 zeigen das
Prinzip einer solchen Umwandlung. Sie erfolgt nicht für je-
den Kanal einzeln, sondern im Zeitmultiplex.

Die Lage des Rahmens in der Pulsfolge muß markiert sein. Das
geschieht durch Markierungszeichen z.B. am Anfang des Rahmens. D.h. es muß für die Markierung ein Zeitintervall be-
reitgestellt werden, das dabei für die Signalübertragung
verloren geht.

Ein einfaches Markierungszeichen ist der Doppelimpuls mit
einem Impulsabstand, der im Rahmen nicht oder nur selten
vorkommen kann und daher zur Erkennung des Markierungszei-
chens benutzt werden kann.

Bei PDM und PPM enthält die Lage der Impulsflanken das

128

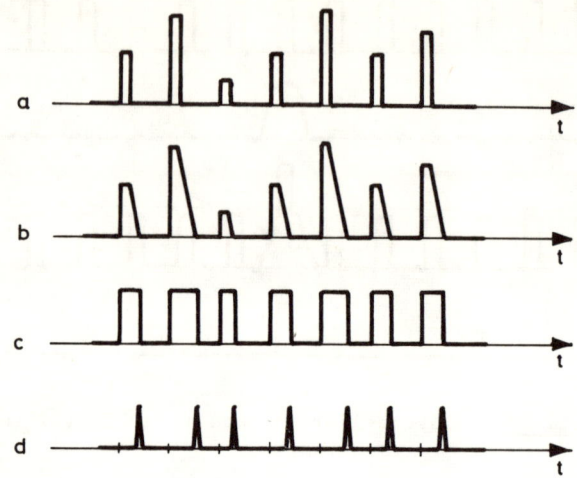

__Bild 86__ **U**mwandlung von PAM über PDM in PPM

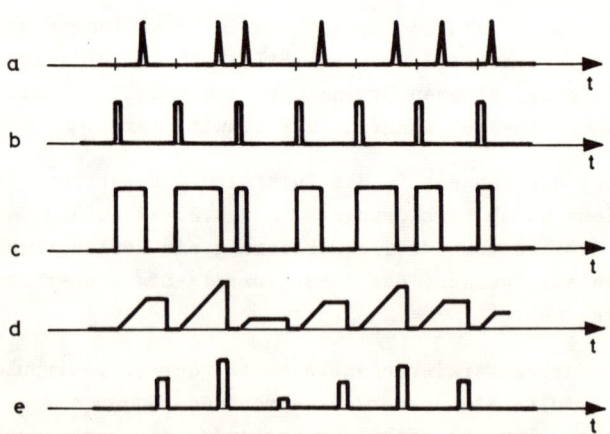

__Bild 87__ **U**mwandlung von PPM über PDM in PAM

Signal. Bei der Demodulation ist daher die Feststellung dieser Lage wichtig. Nun wird bei der Übertragung im allgemeinen die Form dieser Flanke abgeflacht. Daher muß die Flanke
vor der Demodulation regeneriert werden. Dies geschieht
durch einen Amplitudendiskriminator, der eine neue steile
Flanke erzeugt, wenn die abgeflachte Flanke einen Schwell-
wert über- oder unterschreitet. Diese Schwelle legt man auf
einen Amplitudenwert der Flanke, an dem diese am steilsten
ist, damit Schwankungen der Amplitude und der Form der Flanke eine möglichst geringe Lageverfälschung ergeben.

4.5. Pulscodemodulation

Nach Kap.3.4.1. abgetastete und quantisierte Signale der
Bandbreite $B = 1/2 \cdot T_o$ und des Abtastintervalls T_o sind Zah-
lenfolgen. Bei endlichem Aussteuerbereich des Signals können die Abtastwerte nur endlich viele verschiedene diskrete
Zahlenwerte annehmen. Nach Bild 37 treten $N = A_1/\Delta$ verschiedene Zahlenwerte auf. Diese N Zahlen kann man in einem beliebigen Zahlensystem der Basis b darstellen. Die Basis b
wird durch die Übertragungsstrecke festgelegt. Der Empfänger
am Ende der Strecke muß b verschiedene Zeichen unterscheiden
können. Angewandt wird bisher hauptsächlich b = 2, die binäre PCM. Die Größe der Zahl b richtet sich nach der Störung
auf der Strecke. Bei großer Störung lassen sich nur wenige
Zeichen unterscheiden. Wegen der Möglichkeit der sich der
Strecke anpassenden Umcodierung rechnet die PCM zu den Modulationsverfahren. PCM erfordert die Übertragungsbandbreite
$B_H = B \cdot {}^b\!\log N$, bei binärer PCM also $B_H = B \cdot ldN$. Bei dieser
Kanalcodierung wird gewissermaßen die Zahl der Abtastwerte
in einem Zeitabschnitt um das Verhältnis $m = B_H/B$ vergrößert, aber die Zahl der unterscheidbaren Stufen von N auf b
verringert, indem der Signalwert nicht durch nur eine Stelle
in einem Zahlensystem der Basis N, sondern durch m Stellen

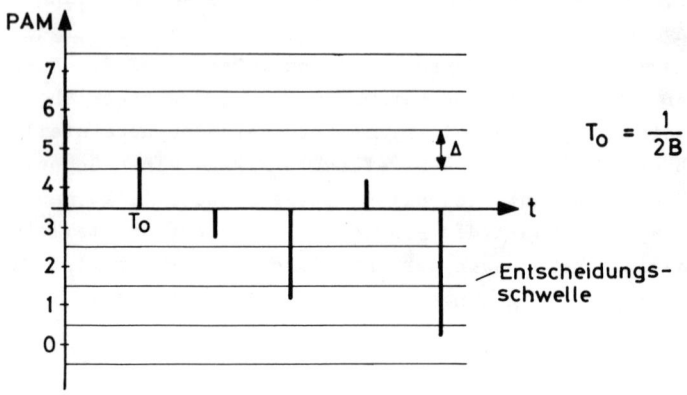

$$T_0 = \frac{1}{2B}$$

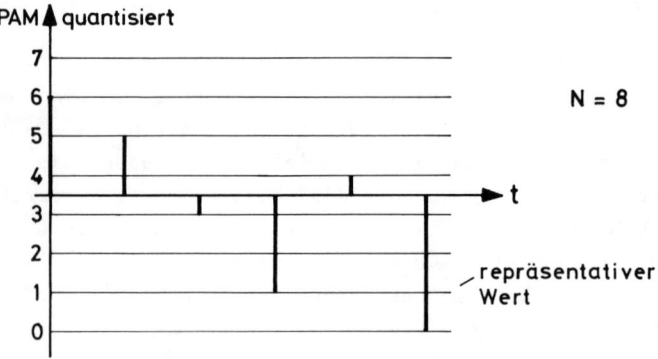

$N = 8$

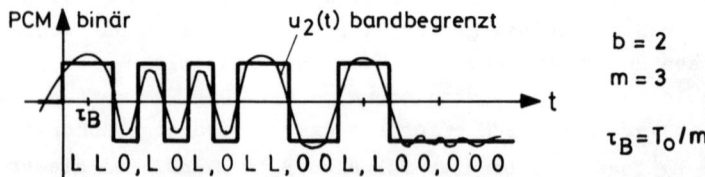

$$b = 2$$
$$m = 3$$
$$\tau_B = T_0/m$$

<u>Bild 88</u>   Binäre PCM

in einem Zahlensystem der Basis b dargestellt wird. Dabei ist
$m = {}^{b}\log N$ und die Dauer der Stelle $\tau_B = T_0/m$. Für b=2 ergibt

sich $m=\text{ld}N$ als Anzahl der Bits je Abtastwert (Bild 88). Die
b verschiedenen Zeichen können durch b Amplituden dargestellt werden. Das Ausgangssignal des Modulators $u_2(t)$ ist
dann ein b-stufiges Treppensignal. Durch Begrenzung auf die
Bandbreite B_H wird $u_2(t)$ verschliffen, kann aber durch Abtastung mit der Frequenz $2 \cdot B_H$ und Quantisierung auf die b Stufen wieder regeneriert werden. Dabei dürfen die Störungen
nicht zu groß werden, damit bei der Quantisierung keine falsche Stufe gewählt wird. Die Regenerierbarkeit ist ein Haupt-
vorteil der PCM. Die Übertragung läßt sich fast störungsfrei
durchführen, wenn man in hinreichend kurzen Abständen auf
der Strecke Regeneratoren einsetzt, so daß die Störungen
sich nicht bis zum Empfänger aufsummieren können.

Zur Erkennung, wie stark das PCM-Signal durch Verzerrungen
und Störungen bei der Übertragung verändert wird, benutzt
man das Augenmuster. Bei binärer PCM gibt man dabei auf den
Eingang der Übertragungsstrecke ein stochastisches Rechtecksignal. Das bitsynchrone Übereinanderschreiben der Ausgangs-
folge liefert ein Muster, wie es Bild 89 zeigt. Dabei wurde

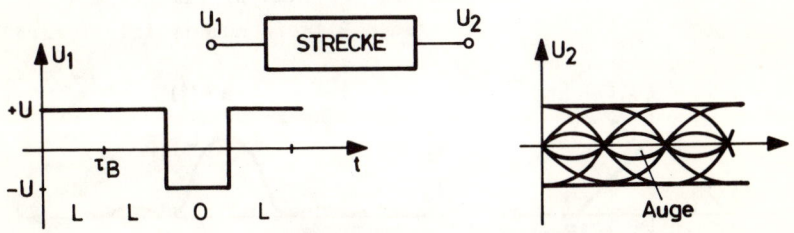

Bild 89   Augenmuster

hier nur die Verschleifung durch Frequenzbandbegrenzung berücksichtigt. Die Störungen verbreitern die Linien. Der inne-
re offene Teil dieses Musters heißt Auge. Solange das Auge
offen ist, kann das PCM-Signal fehlerfrei regeneriert werden.
Auch für höhere Werte der Kanalstufenzahl b kann das Augenmuster zum Erkennen der Regenerierbarkeit benutzt werden.

Der wirkliche Bandbreitenbedarf einer einfachen binären PCM
läßt sich über die Autokorrelationsfunktion ermitteln. Ein
stochastisches Rechtecksignal, wie in Bild 89, hat eine
Dreiecksfunktion als AKF. Beispiel 22 zeigt die Berechnung.

Beispiel 22 :

Ein stochastisches Rechtecksignal mit der Dauer τ_B eines Bit
und den beiden Amplitudenwerten +U und -U hat folgende Werte
der Autokorrelationsfunktion $\varphi(\tau)$:

$\tau = 0 \qquad \varphi(0) = U^2$

$\tau = \tau_B \quad \varphi(\tau_B) = 0$, da man mit guter Annäherung an
die Wirklichkeit annehmen kann,
daß aufeinanderfolgende Bits
statistisch unabhängig sind

$\tau > \tau_B \quad \varphi(\tau) = 0$

$\tau < \tau_B \quad \varphi(\tau)$ fällt linear von U^2 auf den Wert Null
ab, da nur noch für die Zeitdauer
$\tau_B-\tau$ innerhalb jeder Bitdauer τ_B das
Signal bei der Bildung der AKF mit
dem eigenen Bitwert multipliziert wird

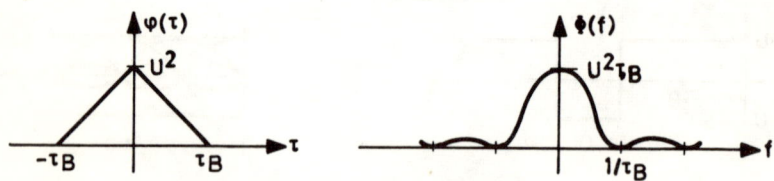

Bild 90 AKF und Leistungsdichte eines
stochastischen Rechtecksignals

Für das Leistungsdichtespektrum als Fouriertransformierte
von $\varphi(\tau)$ gilt, wie man nach Kap.3.1. ermitteln kann

$$\Phi(f) = U^2 \cdot \tau_B \, si^2(\pi f \tau_B) \, .$$

Man erkennt aus Bild 90, daß mindestens die Frequenzen von Null bis $0,8/\tau_B$ übertragen werden müssen, wenn die Verzerrungen nicht zu groß werden sollen. Aus schaltungstechnischen Gründen strebt man ein Spektrum an, daß bei der Frequenz $f = 0$ Null ist, bei $f = 1/2\tau_B$ zur Gewinnung der bitsynchronen Taktfrequenz hinreichend groß ist und für $f > 1/2\tau_B$ sehr klein wird. Um dieses Ziel zu erreichen, codiert man den einfachen Binärcode in verschiedener Weise um und setzt Redundanz zu, indem man geeignete Bits zufügt oder auf pseudoternäre Codes mit $b = 3$ übergeht. In vielen Fällen wird daher die Bandbreite B_H für die Übertragung nicht ausreichen. Oft werden auch andere Möglichkeiten verwandt, b verschiedene Zeichen zu erzeugen. Man kann sie auch als Mehrfachmodulation bezeichnen. ASK-PCM (amplitude shift keyed) verwendet Trägerschwingungen einer Frequenz mit b Amplituden, FSK-PCM (frequency shift keyed) Trägerschwingungen einer Amplitude und b Frequenzen, PSK-PCM (phase shift keyed) Trägerschwingungen einer Amplitude und Frequenz, aber in b Phasenlagen. Für die Datenübertragung wird heute schon die Vierphasentastung, also $b = 4$, angewandt. Man kann auch b beliebige, sich gut unterscheidende Signale der Länge $\tau_B = 1/2B_H$ wählen. Da PCM die Umcodierung der quantisierten Amplituden eines PAM-Signals ist, wird sie oft auf PAM-Zeitmultiplexsignale angewandt. Das ergibt dann ein PCM-Zeitmultiplexsystem.

Verzerrungen auf der Strecke lassen sich bei PCM weitgehend unterdrücken. Dafür entstehen aber bei der Quantisierung Verzerrungen. Nach Kap.3.4.1. und Bild 37 läßt sich diese Verzerrungsleistung P_Q bei Kenntnis der Wahrscheinlichkeitsdichteverteilung des Signals $u_1(t)$ und der Stufung der Quantisierung, z.B. nach Bild 38, bestimmen. Die Verzerrungsleistung P_Q wird aus den Differenzen zwischen den quantisierten (u_2) und nichtquantisierten (u_1) Abtastwerten und ihrer Wahrscheinlichkeitsdichteverteilung $w(u_1)$ gebildet. a sei die Nummerierung der Quantisierungsstufen von 0 bis N-1. u_{2a} liege jeweils in der Mitte seiner Stufe (Bild 91).

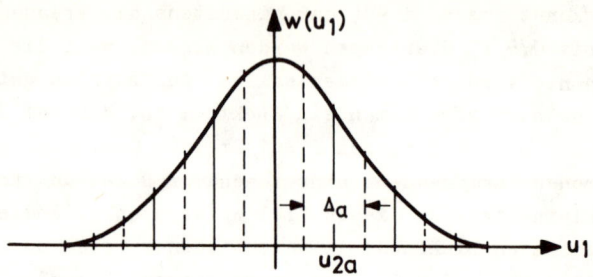

<u>Bild 91</u> Wahrscheinlichkeitsdichte mit Quantisierung

Dann ist die Verzerrungsleistung

$$P_Q = \sum_{a=0}^{N-1} \int_{u_{2a}-\frac{1}{2}\Delta_a}^{u_{2a}+\frac{1}{2}\Delta_a} (u_1-u_{2a})^2 \; w(u_1) \; du_1$$

und die Signalleistung vor der Quantisierung

$$P_1 = \int_{-\infty}^{+\infty} u_1^2 w(u_1) \; du_1$$

Bei Gleichverteilung und gleicher Stufenhöhe nach Bild 37 ist

$$w(u_1) = \frac{1}{\Delta \cdot N} = \frac{1}{A_1} \quad , \quad u_1-u_{2a} = q$$

$$P_Q = \frac{1}{\Delta} \int_{-\frac{1}{2}\Delta}^{+\frac{1}{2}\Delta} q^2 \; dq = \frac{1}{3} \cdot \frac{1}{4} \cdot \Delta^2$$

$$P_1 = \frac{1}{A_1} \int_{-\frac{1}{2}A_1}^{+\frac{1}{2}A_1} u_1^2 \; du_1 = \frac{1}{12} \; A_1^2$$

und damit der Klirrfaktor $\sqrt{\dfrac{P_Q}{P_1}} = \dfrac{1}{N}$.

Beispiel 23 zeigt die Berechnung für eine andere Verteilungsdichtefunktion :

Beispiel 23 :

Wie groß ist das
Verhältnis Signal-
leistung zu Quanti-
sierungsverzer-
rungsleistung ?

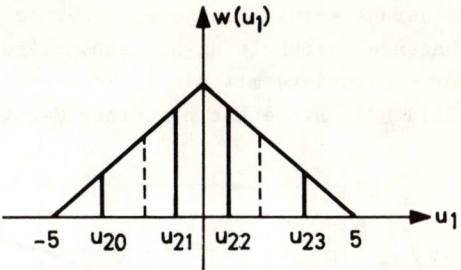

Bild 92 Wahrscheinlichkeitsdichte
mit Quantisierung

Signalleistung $P_1 = \int_{-5}^{+5} u_1^2 w(u_1)\, du_1 = 2\int_0^5 u_1^2 \cdot \frac{1}{25}\,(5-u_1)\, du_1$

$$P_1 = \frac{2}{25}\left(\frac{5}{3}\cdot 5^3 - \frac{1}{4}\cdot 5^4\right) = \frac{25}{6}$$

Quantisierungsverzerrungsleistung

$$P_Q = P_{Q0} + P_{Q1} + P_{Q2} + P_{Q3}$$

$$P_{Q0} = P_{Q3} = \int_2^5 (u_1 - u_{23})^2\, w(u_1)\, du_1$$

$$= \int_{-1,5}^{+1,5} q^2 \cdot \frac{1}{25}\,(1,5-q)\, dq = \frac{1}{25}\cdot 1,5\cdot\frac{1}{3}\cdot 1,5^3 \cdot 2 = 0,135$$

$$P_{Q1} = P_{Q2} = \int_0^2 (u_1 - u_{22})^2\, w(u_1)\, du_1$$

$$= \int_{-1}^{+1} q^2 \cdot \frac{1}{25}\,(4-q)\, dq = \frac{1}{25}\cdot 4\cdot\frac{1}{3}\cdot 1^3 \cdot 2 = \frac{8}{75}$$

$$P_Q = \frac{29}{60}$$

$$P_1/P_Q = \frac{250}{29} = 9,35 \text{ dB}$$

In der PCM-Technik wird minimale Quantisierungsverzerrungsleistung und Unabhängigkeit des dadurch entstehenden Signal-
zu Rauschverhältnisses vom Signalpegel angestrebt. Diese

136

Forderung erfüllt in guter Näherung die für Sprachübertragungen eingeführte Signalkompandierung (Kompander = Kompres-
sor + Expander) mit der 13-Segment-Kompressions-Kennlinie
(Bild 93). Diese hat bei einer 7-Bit-Codierung im unteren

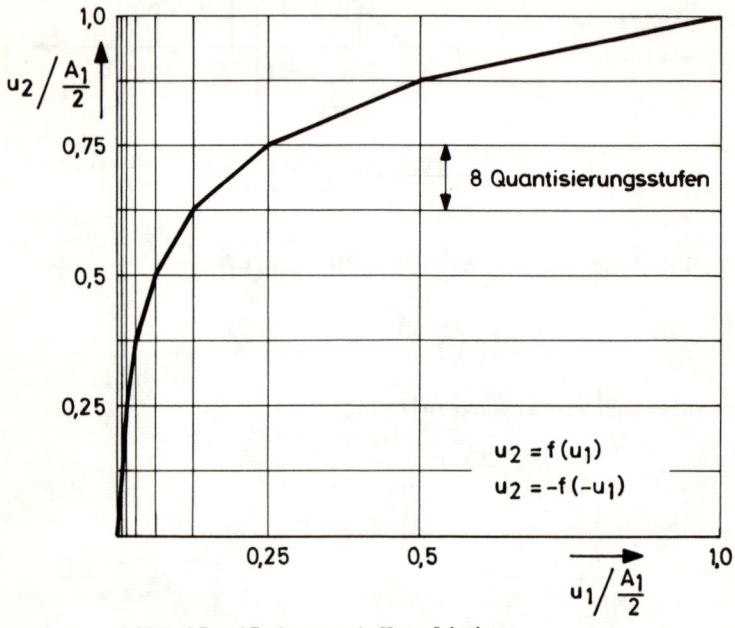

Bild 93   13-Segment-Kennlinie

Pegelbereich 32 gleichgroße Quantisierungsstufen und bei den
größeren Amplituden eine angenähert logarithmische Quantisierung. Dadurch ergibt sich ein Signal-Störverhältnis P_1/P_Q
in Abhängigkeit von P_1/P_0, wie es das Bild 94 zeigt. Dieses
Signal-Störverhältnis ändert sich kaum, wenn man anstatt mit
7 Bit mit 8 Bit quantisiert, wie es für Sprachübertragungen
heute üblich ist. Denn der AD-Wandler arbeitet für das 8. Bit
nicht mehr genau genug. Verringert wird jedoch das Störge-
räusch der Quantisierung bei Sprachpausen.

137

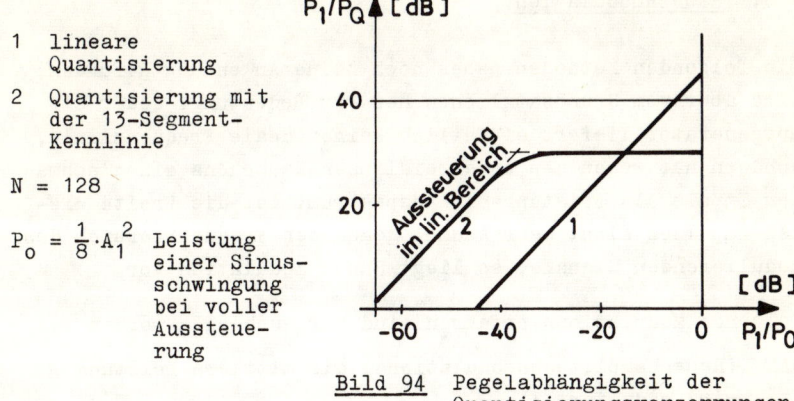

1 lineare
   Quantisierung

2 Quantisierung mit
   der 13-Segment-
   Kennlinie

N = 128

$P_0 = \frac{1}{8} \cdot A_1^2$ Leistung
   einer Sinus-
   schwingung
   bei voller
   Aussteue-
   rung

<u>Bild 94</u> Pegelabhängigkeit der
          Quantisierungsverzerrungen

Ein Modulator für PCM enthält die im Bild 95 aufgeführten

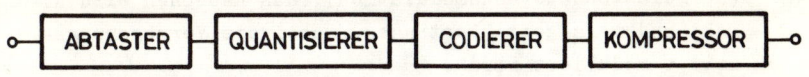

<u>Bild 95</u> PCM-Modulator

Funktionen. Diese sind meistens in der technischen Ausfüh-
rung miteinander verknüpft. Die Abtastung erfolgt wie bei
der PAM. Die Quantisierung erfolgt durch Vergleich mit Nor-
malspannungen in einem oder mehreren Schritten, wobei die
Codierung der quantisierten Amplituden gleichzeitig vorgenommen wird (AD- und DA-Wandler S.150 ff.). Die Kompression
wird insbesondere bei der 13-Segment-Kennlinie digital durchgeführt. Der Empfänger enthält den entsprechenden Expander.
Die Decodierung erfolgt durch Bewertung der Stellen der Binärzahl und Integration über die gewichteten Stellen. Das
Ergebnis sind PAM-Pulse, die wie üblich demoduliert werden
können.

4.6. Rauschmodulation

Die folgenden Methoden haben noch keine Anwendung gefunden,
sind aber vom Grundsätzlichen her von Bedeutung. Jeder Si-
nusgenerator liefert eigentlich keine ideale Frequenzlinie,
sondern hat wegen des unvermeidlichen Rauschens einen schmalen Impuls als Leistungsdichtespektrum. Ist die Breite dieses Impulses nicht mehr schmal gegen den Frequenzbereich des
modulierenden Signals, so liegt Rauschmodulation vor.

Folgende Modulationsverfahren sind vorgeschlagen worden :

RAM (Rauschamplitudenmodulation), die mittlere Leistung
     wird moduliert ;

RFM (Rauschfrequenzmodulation), die mittlere Frequenz wird
     moduliert ;

KM   (Korrelationsabstandsmodulation), das Rauschen wird di-
     rekt und verzögert übertragen, wobei die Verzögerungs-
     zeit τ moduliert wird .

Die ersten beiden Verfahren sind leicht einsehbar. Das drit-
te Verfahren wird in Bild 96 erläutert.

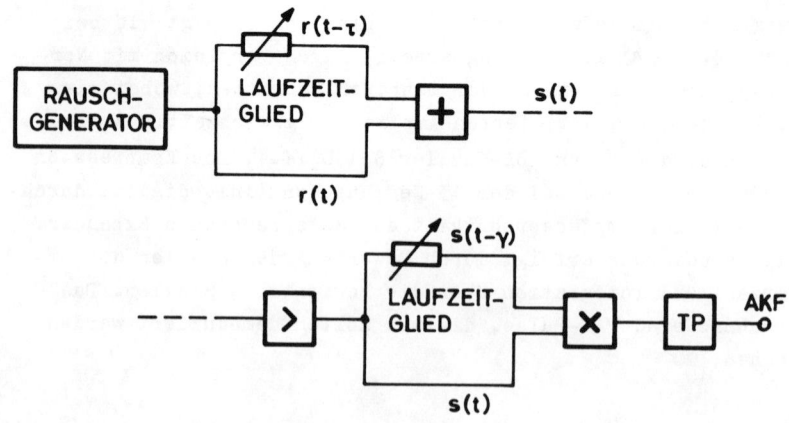

Bild 96   Korrelationsabstandsmodulation

u(t) ist ein Signal der Bandbreite B, die Laufzeit τ wird
vom Signal u(t)∼τ gesteuert (Bild 96). s(t) = r(t) + r(t-τ)
wird übertragen.

Bei RAM und RFM ist ein störungsfreier Empfang nur möglich,
wenn die Rauschbandbreite nicht in den Signalbereich hinein-
reicht. Bei KM erfolgt die Demodulation mit einem Autokorre-
lator. Auf der Empfangsseite wird die

$$\text{AKF} = \overline{s(t) \cdot s(t-\gamma)}$$

$$= \overline{r(t) \cdot r(t-\gamma)} + \overline{r(t-\tau) \cdot r(t-\tau-\gamma)} + \overline{r(t)r(t-\tau-\gamma)} + \overline{r(t-\tau)r(t-\gamma)}$$

$$= 2 \cdot \varphi_{rr}(\gamma) + \varphi_{rr}(\tau-\gamma) + \varphi_{rr}(\tau+\gamma)$$

gebildet. Dabei ergibt sich ein Signal, wie es Bild 97 zeigt.

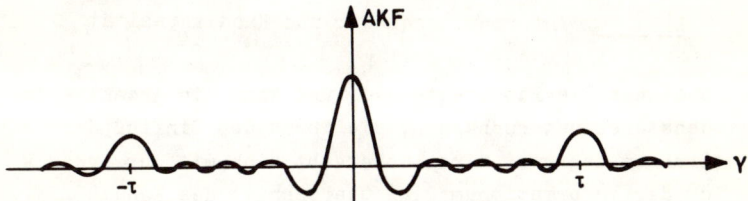

<u>Bild 97</u> Autokorrelationsfunktion bei KM

Hier ist eine große Rauschbandbreite erwünscht, da sie zu
schmalen Impulsen in der AKF führt, die einen Empfang des
Signals mit geringen Störungen ermöglichen. Die Durchlaufge-
schwindigkeit von γ muß dabei groß gegen die Änderungsge-
schwindigkeit von τ sein. Die Grenzfrequenz des Tiefpasses
TP in Bild 96 muß größer sein als die Signalbandbreite B.

140

4.7. Anpassung des Signals an den Kanal

Aufgabe der Modulation ist es, ein Signal, dargestellt durch
den Informationsquader nach Bild 39, den Eigenschaften des
Übertragungskanals anzupassen (Bild 98). Bandbreite 2B, Dynamik D_o und Signaldauer T bestimmen den Informationsquader.

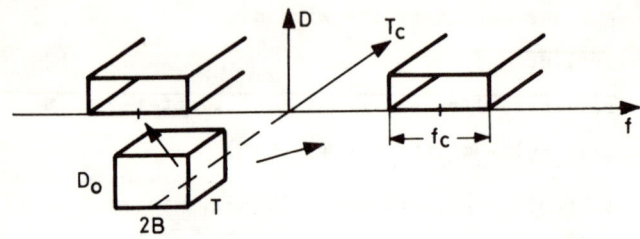

Bild 98 Informationsquader und Kanalkapazität

Der Kanal hat die Bandbreite $2 \cdot f_c$ und kann die Anzahl K Amplitudenstufen unterscheiden, die durch den Einfluß der Ka-
nalstörungen begrenzt wird. So ergibt sich mit der Dynamik
D = ldK der informationsmäßige Querschnitt des Kanals
$C = 2f_c \cdot D$. Er wird Kanalkapazität genannt. Wenn die Signaldauer T_c im Kanal der Signaldauer T gleich ist, spricht man
von Echtzeitübertragung.

Zur Übertragung eines Signals muß sein Informationsquader
mit der Stirnfläche $2 \cdot BD_o$ der Kanalkapazität C angepaßt werden. Bei $C = 2BD_o$ kann das Signal in Echtzeit übertragen
werden.

Bei $B = f_c$ und $D_o = D$ verwendet man ESB-AM. Hierbei wird der
Informationsquader nur in den Übertragungsbereich des Kanals
verschoben.

Im Fall $D < D_o$ ist eine Anpassung erforderlich, die einen
Austausch zwischen Dynamik und Bandbreite ausführt. Diese
Aufgabe erfüllen beispielsweise die Pulscodemodulation und
die Frequenzmodulation. Bei $D > D_o$ kann eine PCM mit einer

Stufenzahl verwendet werden, die größer als die des Signals
ist und bei der mehrere Abtastwerte des Signals in einem
Codewort der PCM zusammengefaßt werden. Dadurch ergibt sich
eine erforderliche Kanalbandbreite $f_c < B$.

Ist die Kanalkapazität $C > 2BD_o$, so können mehrere Signale
gleichzeitig auf dem Kanal übertragen werden. Das geschieht
bei $D = D_o$ z.B. mit Einseitenbandmodulation im Frequenzmultiplex für f_c/B Kanäle. Eine andere Möglichkeit besteht darin, den Informationsquader umzuwandeln, indem $2BD_o$ vergrößert und T verkleinert wird. Das geschieht bei allen Pulsmodulationsverfahren. Bei $C > 2BD_o$ kann die Verkürzung von T
des einzelnen Signals zu einer Zeitmultiplexübertragung einer entsprechenden Anzahl von T/T_c Signalen verwendet werden.

Sehr stark gestörte Kanäle, wie sie z.B. bei Übertragungen
in der Raumfahrt auftreten, haben $0 < D < 1$. Hier kann durch
eine fehlerkorrigierende Codierung die Signalübertragung ge-
sichert werden. Dabei erhöhen natürlich die Korrekturbits
die erforderliche Bandbreite. Steht diese Bandbreite nicht
zur Verfügung, so muß die Signalzeit T verlängert werden.
Dann kann aber das Signal nicht mehr in Echtzeit übertragen
werden, sondern nur mit einer entsprechenden Zeitdehnung.

Bei den meisten Kanälen ist die
Dynamik D von der Frequenz abhängig (Bild 99). Der Abfall
der Dynamik bei höheren Frequenzen wird durch den frequenzabhängigen Anstieg der Dämpfung
des Kanals bei höheren Frequenzen hervorgerufen, während das
Spektrum der Störungen über der

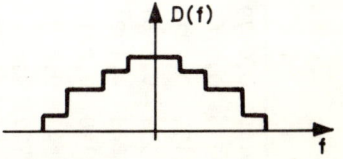

<u>Bild 99</u>
Beispiel einer frequenz-
abhängigen Dynamik

Frequenz konstant ist. Die Kanalkapazität berechnet sich in
diesem Fall zu

$$C_o = \int_{-f_c}^{+f_c} D(f)\, df \ .$$

Die Ausnutzung einer solchen Kanalkapazität erfordert eine
aufwendige Umformung des Signals.

p	0	1	2	3	4	5	6	7	8	9
0,00	0,0000	0,0100	0,0179	0,0251	0,0319	0,0382	0,0443	0,0501	0,0557	0,0612
0,01	0,0664	0,0716	0,0766	0,0814	0,0862	0,0909	0,0955	0,0999	0,1043	0,1086
0,02	0,1129	0,1170	0,1211	0,1252	0,1291	0,1330	0,1369	0,1407	0,1444	0,1481
0,03	0,1518	0,1554	0,1589	0,1624	0,1659	0,1693	0,1727	0,1760	0,1793	0,1825
0,04	0,1858	0,1889	0,1921	0,1952	0,1983	0,2013	0,2043	0,2073	0,2103	0,2132
0,05	0,2161	0,2190	0,2218	0,2246	0,2274	0,2301	0,2329	0,2356	0,2383	0,2409
0,06	0,2435	0,2461	0,2487	0,2513	0,2538	0,2563	0,2588	0,2613	0,2637	0,2662
0,07	0,2686	0,2709	0,2733	0,2756	0,2780	0,2803	0,2826	0,2848	0,2871	0,2893
0,08	0,2915	0,2937	0,2959	0,2980	0,3002	0,3023	0,3044	0,3065	0,3086	0,3106
0,09	0,3127	0,3147	0,3167	0,3187	0,3207	0,3226	0,3246	0,3265	0,3284	0,3303
0,1	0,3322	0,3503	0,3671	0,3826	0,3971	0,4105	0,4230	0,4346	0,4453	0,4552
0,2	0,4644	0,4728	0,4806	0,4877	0,4941	0,5000	0,5053	0,5100	0,5142	0,5179
0,3	0,5211	0,5238	0,5260	0,5278	0,5292	0,5301	0,5306	0,5307	0,5305	0,5298
0,4	0,5288	0,5274	0,5256	0,5236	0,5211	0,5184	0,5153	0,5120	0,5083	0,5043
0,5	0,5000	0,4954	0,4906	0,4854	0,4800	0,4744	0,4684	0,4623	0,4558	0,4491
0,6	0,4422	0,4350	0,4276	0,4199	0,4121	0,4040	0,3956	0,3871	0,3783	0,3694
0,7	0,3602	0,3508	0,3412	0,3314	0,3215	0,3113	0,3009	0,2903	0,2796	0,2687
0,8	0,2575	0,2462	0,2348	0,2231	0,2113	0,1993	0,1871	0,1748	0,1623	0,1496
0,9	0,1368	0,1238	0,1107	0,0974	0,0839	0,0703	0,0565	0,0426	0,0286	0,0144

Tabelle der Werte von $p \operatorname{ld} \frac{1}{p}$

x	0	1	2	3	4	5	6	7	8	9
0,...	1	0,998	0,993	0,985	0,974	0,959	0,941	0,920	0,897	0,870
1,...	0,841	0,810	0,777	0,741	0,704	0,665	0,625	0,583	0,541	0,498
2,...	0,455	0,411	0,368	0,324	0,281	0,239	0,198	0,158	0,120	0,083
3,...	0,047	0,013	-0,018	-0,048	-0,075	-0,100	-0,123	-0,143	-0,161	-0,176
4,...	-0,189	-0,200	-0,208	-0,213	-0,216	-0,217	-0,216	-0,213	-0,208	-0,201
5,...	-0,192	-0,182	-0,170	-0,157	-0,143	-0,128	-0,113	-0,097	-0,080	-0,063
6,...	-0,047	-0,030	-0,013	0,003	0,018	0,033	0,047	0,060	0,073	0,084
7,...	0,094	0,103	0,110	0,116	0,121	0,125	0,127	0,128	0,128	0,126
8,...	0,124	0,120	0,115	0,109	0,102	0,094	0,085	0,076	0,066	0,056
9,...	0,046	0,035	0,024	0,013	0,003	-0,008	-0,018	-0,028	-0,037	-0,046

Tabelle der Werte von $\operatorname{si} x = \dfrac{\sin x}{x}$

__Behauptung :__ $\mathrm{si}\left(\pi\dfrac{t-nT_0}{T_0}\right)$ orthogonal zu $\mathrm{si}\left(\pi\dfrac{t-mT_0}{T_0}\right)$.

Orthogonalitätsbedingung :

$$I = \int_{-\infty}^{+\infty} \mathrm{si}\left(\pi\frac{t-nT_0}{T_0}\right)\mathrm{si}\left(\pi\frac{t-mT_0}{T_0}\right)dt = \begin{cases} 0 & m \neq n \\ T_0 & m = n \end{cases}$$

__Beweis :__

$$u_k(t) = \mathrm{si}\left(\pi\frac{t-kT_0}{T_0}\right)$$

$$U_k(f) = T_0\left[\sigma\left(f+\tfrac{1}{2}f_0\right) - \sigma\left(f-\tfrac{1}{2}f_0\right)\right]e^{-j2\pi f k T_0}$$

$$k = m,n \qquad f_0 = 1/T_0$$

$$I = \Big[u_n(t) * u_m(-t)\Big]_{t=0} = \left[\int_{-\infty}^{+\infty} u_n(\tau)\cdot u_m(\tau-t)\,d\tau\right]_{t=0}$$

$$= \int_{-\infty}^{+\infty} U_n(f)\cdot U_m^*(f)\,df$$

$$I = T_0^2\int_{-\infty}^{+\infty}\left[\sigma\left(f+\tfrac{1}{2}f_0\right) - \sigma\left(f-\tfrac{1}{2}f_0\right)\right]^2 e^{j2\pi f(m-n)T_0}\,df$$

$$I = T_0^2\int_{-\frac{1}{2}f_0}^{+\frac{1}{2}f_0}\cdot e^{j2\pi f(m-n)T_0}\,df = T_0^2\cdot\frac{e^{j2\pi f(m-n)T_0}}{j2\pi(m-n)T_0}\bigg|_{-\frac{1}{2}f_0}^{+\frac{1}{2}f_0}$$

$$I = T_0\,\mathrm{si}\,\pi(m-n) = \begin{cases} 0 & n \neq m \\ T_0 & n = m \end{cases}$$

Die Funktion $\exp(-x^2)$ erscheint in vielen Darstellungen. Daher sollen bestimmte mathematische Eigenschaften hier angegeben werden.

Aus den bestimmten Integralen

$$\int_{-\infty}^{+\infty} \exp(-x^2)\, dx = \sqrt{\pi}, \qquad \int_{-\infty}^{+\infty} x\exp(-x^2)\, dx = -\frac{1}{2}\int_{-\infty}^{+\infty} d\left[\exp(-x^2)\right] = 0 \qquad \text{und}$$

$$\int_{-\infty}^{+\infty} x^2\exp(-x^2)\, dx = -\frac{1}{2}\int_{-\infty}^{+\infty} x\, d\left[\exp(-x^2)\right] = -\frac{1}{2}\left[x\exp(-x^2)\Big|_{-\infty}^{+\infty} - \int_{-\infty}^{+\infty}\exp(-x^2)\, dx\right] = \frac{1}{2}\sqrt{\pi}$$

folgt:

$$\int_{-\infty}^{+\infty}\frac{1}{\sqrt{2\pi d^2}}\exp\left(-\frac{(x-a)^2}{2d^2}\right) dx = \frac{1}{\sqrt{\pi}}\int_{-\infty}^{+\infty}\exp(-y^2)\, dy = 1$$

$$\int_{-\infty}^{+\infty}\frac{x}{\sqrt{2\pi d^2}}\exp\left(-\frac{(x-a)^2}{2d^2}\right) dx = \int_{-\infty}^{+\infty}\frac{y}{\sqrt{2\pi d^2}}\exp\left(-\frac{y^2}{2d^2}\right) dy + a\int_{-\infty}^{+\infty}\frac{1}{\sqrt{2\pi d^2}}\exp\left(-\frac{(x-a)^2}{2d^2}\right) dx = a$$

$$\int_{-\infty}^{+\infty}\frac{(x-a)^2}{\sqrt{2\pi d^2}}\exp\left(-\frac{(x-a)^2}{2d^2}\right) dx = \frac{2d^2}{\sqrt{\pi}}\int_{-\infty}^{+\infty} y^2\exp(-y^2)\, dy = \frac{2d^2}{\sqrt{\pi}}\cdot\frac{1}{2}\sqrt{\pi} = d^2$$

$$\int_{-\infty}^{+\infty}\frac{1}{2\pi d^2(1-\varrho^2)^{1/2}}\exp\left(-\frac{x^2-2\varrho xy+y^2}{2d^2(1-\varrho^2)}\right) dy = \frac{1}{2\pi d^2(1-\varrho^2)^{1/2}}\int_{-\infty}^{+\infty}\exp\left(-\frac{x^2(1-\varrho^2)+(y-\varrho x)^2}{2d^2(1-\varrho^2)}\right) dy =$$

$$= \frac{1}{2\pi d^2(1-\varrho^2)^{1/2}}\exp\left(-\frac{x^2}{2d^2}\right)\sqrt{2d^2(1-\varrho^2)}\int_{-\infty}^{+\infty}\exp(-z^2)\, dz = \frac{1}{\sqrt{2\pi d^2}}\exp\left(-\frac{x^2}{2d^2}\right)$$

$$\int_{-\infty}^{+\infty}\int_{-\infty}^{+\infty} xy\, \frac{1}{2\pi d^2(1-q^2)^{1/2}} \exp\left(-\frac{x^2-2qxy+y^2}{2d^2(1-q^2)}\right) dxdy$$

$$= \frac{1}{2\pi d^2(1-q^2)^{1/2}} \int_{-\infty}^{+\infty} x \exp\left(-\frac{x^2}{2d^2(1-q^2)}\right) \int_{-\infty}^{+\infty} y \exp\left(-\frac{y^2-2qxy}{2d^2(1-q^2)}\right) dydx$$

$$= \frac{1}{2\pi d^2(1-q^2)^{1/2}} \int_{-\infty}^{+\infty} x \exp\left(-\frac{x^2}{2d^2(1-q^2)}\right) \int_{-\infty}^{+\infty} (z+qx) \exp\left(-\frac{z^2-q^2x^2}{2d^2(1-q^2)}\right) dzdx$$

$$= \frac{1}{2\pi d^2(1-q^2)^{1/2}} \int_{-\infty}^{+\infty} x \exp\left(-\frac{x^2}{2d^2}\right) \int_{-\infty}^{+\infty} (z+qx) \exp\left(-\frac{z^2}{2d^2(1-q^2)}\right) dzdx$$

$$= \frac{1}{2\pi d^2(1-q^2)^{1/2}} \int_{-\infty}^{+\infty} x \exp\left(-\frac{x^2}{2d^2}\right) \left[\int_{-\infty}^{+\infty} z \exp\left(-\frac{z^2}{2d^2(1-q^2)}\right) dz + qx \int_{-\infty}^{+\infty} \exp\left(-\frac{z^2}{2d^2(1-q^2)}\right) dz\right] dx$$

$$= \frac{1}{2\pi d^2(1-q^2)^{1/2}} \int_{-\infty}^{+\infty} qx^2 \exp\left(-\frac{x^2}{2d^2}\right) dx \cdot \int_{-\infty}^{+\infty} \exp\left(-\frac{z^2}{2d^2(1-q^2)}\right) dz$$

$$= \frac{q(2d^2)^2 \cdot (1-q^2)^{1/2}}{2\pi d^2(1-q^2)^{1/2}} \cdot \frac{1}{2} \cdot \sqrt{\pi}\cdot\sqrt{\pi} = q \cdot d^2$$

$$C_x(t) = \int_{-\infty}^{+\infty} \frac{1}{\sqrt{2\pi d^2}} \exp\left(-\frac{x^2}{2d^2}\right) \exp(j2\pi xt)\, dx =$$

$$= \frac{1}{\sqrt{\pi}} \exp\left(-2\pi^2 d^2 t^2\right) \int_{-\infty}^{+\infty} \exp\left[-\left(\frac{x}{d\sqrt{2}} - j\pi d\sqrt{2}t\right)^2\right] d\left(\frac{x}{d\sqrt{2}}\right) = \exp\left(-2\pi d^2 t^2\right)$$

Herleitung der Regeln für Transformationen in Kap.3.1

$$U(f) = \int_{-\infty}^{+\infty} (u_{RG} + u_{RU} + ju_{IG} + ju_{IU})(\cos 2\pi ft - j\sin 2\pi ft)dt$$

Nach Ausmultiplikation im Integranden besteht dieser aus acht Summanden, von denen vier ungerade Funktionen der Zeit sind, sodaß die Integrale Null werden. Die übrigen vier sind

$$U_{RG}(f) = \int_{-\infty}^{+\infty} u_{RG} \cos 2\pi ft \, dt \qquad = U_{RG}(-f)$$

$$U_{RU}(f) = -\int_{-\infty}^{+\infty} ju_{IU} \, j\sin 2\pi ft \, dt = -U_{IU}(-f)$$

$$jU_{IG}(f) = \int_{-\infty}^{+\infty} ju_{IG} \cos 2\pi ft \, dt \qquad = jU_{IG}(-f)$$

$$jU_{IU}(f) = -\int_{-\infty}^{+\infty} u_{RU} \, j\sin 2\pi ft \, dt \qquad = -jU_{IU}(-f)$$

Verschiebungssätze für $u(t) \circ\!\!-\!\!\bullet U(f)$

$$\int_{-\infty}^{+\infty} u(t-\tau)e^{-j2\pi ft}dt = e^{-j2\pi f\tau} \int_{-\infty}^{+\infty} u(x)e^{-j2\pi fx}dx = U(f)e^{-j2\pi f\tau}$$

$$\int_{-\infty}^{+\infty} U(f-F)e^{j2\pi ft}df = e^{j2\pi Ft}\int_{-\infty}^{+\infty} U(x)e^{j2\pi xt}dx = u(t)e^{j2\pi Ft}$$

Verschiebungssätze für $u(t) \circ\!\!-\!\!\bullet U(p)$, $u(t) = 0$ für $t < 0$

$$\int_{\tau}^{\infty} u(t-\tau)e^{-pt}dt = e^{-p\tau} \int_{0}^{\infty} u(x)e^{-px}dx = U(p)e^{-p\tau} \ , \qquad \tau > 0$$

$$\frac{1}{2\pi j}\int_{x-j\infty}^{x+j\infty} U(p+a)e^{pt}dp = e^{-at}\frac{1}{2\pi j}\int_{x+a-j\infty}^{x+a+j\infty} U(z)e^{zt}dz = u(t)e^{-at} \ ,$$
$$\text{Re}(x+a) > 0$$

Differentiation für $u(t) \circ\!\!-\!\!\bullet U(f)$

$$\int_{-\infty}^{+\infty} \dot{u}(t) \ e^{-j2\pi ft} \ dt = u(t) \ e^{-j2\pi ft}\Big|_{-\infty}^{+\infty} + j2\pi f \int_{-\infty}^{+\infty} u(t) \ e^{-j2\pi ft} \ dt$$
$$= j2\pi f \cdot U(f)$$

Differentiation für $u(t) \circ\!\!-\!\!\bullet U(p)$

$$\int_{0}^{\infty} \dot{u}(t) \ e^{-pt} \ dt = u(t) \ e^{-pt}\Big|_{0}^{\infty} + p \int_{0}^{\infty} u(t) \ e^{-pt} \ dt = p \cdot U(p) - u(0)$$

Integration für u(t)○——●U(f)

$$\int_{-\infty}^{+\infty}\int_{-\infty}^{t} u(x)\,dx\cdot e^{-j2\pi ft}\,dt = -\frac{1}{j2\pi f}\left[\int_{-\infty}^{t}u(x)\,dx\cdot e^{-j2\pi ft}\Big|_{-\infty}^{+\infty} - \int_{-\infty}^{+\infty}u(t)\ e^{-j2\pi ft}\,dt\right]$$

$$= \frac{1}{j2\pi f}U(f) \quad \text{bei} \quad \int_{-\infty}^{+\infty}u(x)\,dx = 0 \quad \text{also} \quad U(0) = 0$$

Integration für u(t)○——●U(p)

$$\int_{0}^{+\infty}\int_{0}^{t}u(x)\,dx\cdot e^{-pt}\,dt = -\frac{1}{p}\left[\int_{0}^{t}u(x)\,dx\cdot e^{-pt}\Big|_{0}^{\infty} - \int_{0}^{\infty}u(t)\ e^{-pt}\,dt\right] = \frac{1}{p}U(p)$$

Verschiebungssätze für u(t)○——●c_n

$$\frac{1}{T}\int_{0}^{T}u(t-\tau)\ e^{-j2\pi nf_o t}\,dt = e^{-j2\pi nf_o\tau}\frac{1}{T}\int_{-\tau}^{T-\tau}u(x)\ e^{-j2\pi nf_o x}\,dx = c_n\cdot e^{-j2\pi nf_o\tau}$$

$$\sum_{-\infty}^{+\infty}c_{n-(F/f_o)}\ e^{j2\pi nf_o t} = e^{j2\pi Ft}\sum_{-\infty}^{+\infty}c_m\cdot e^{j2\pi nf_o t} = u(t)\ e^{j2\pi Ft}$$

Differentiation für u(t)○——●c_n

$$\frac{1}{T}\int_{0}^{T}\dot u(t)\ e^{-j2\pi nf_o t}\,dt = \frac{1}{T}\left[u(t)\ e^{-j2\pi nf_o t}\Big|_{0}^{T} + j2\pi nf_o\cdot\int_{0}^{T}u(t)\ e^{-j2\pi nf_o t}\,dt\right] = j2\pi nf_o\cdot c_n$$

Integration für u(t)○——●c_n

$$\frac{1}{T}\int_{0}^{T}\int_{0}^{t}u(x)\,dx\cdot e^{-j2\pi nf_o t}\,dt = -\frac{1}{j2\pi nf_o}\cdot\frac{1}{T}\left[\int_{0}^{t}u(x)\,dx\ e^{-j2\pi nf_o t}\Big|_{0}^{T} - \int_{0}^{T}u(t)e^{-j2\pi nf_o t}\,dt\right]$$

$$= \frac{1}{j2\pi nf_o}c_n \quad \text{bei} \quad \int_{0}^{T}u(x)\,dx = 0 \quad \text{also} \quad c_o=0$$

Korrespondenzen der Laplace-Transformation

$$\int_0^\infty \delta(t)\ e^{-pt}\ dt = \int_0^\infty e^{-pt}\ dt = -\frac{1}{p}\ e^{-pt}\Big|_0^\infty = \frac{1}{p}$$

$$\int_0^\infty t^n\ e^{-pt}\ dt = -\frac{1}{p}\left[t^n\ e^{-pt}\Big|_0^\infty - n\int_0^\infty t^{n-1}\ e^{-pt}\ dt\right] = \frac{n}{p}\ L\left\{t^{n-1}\right\}$$

Es bedeutet $L\left\{u(t)\right\} = U(p) \bullet\!\!-\!\!\circ\ u(t)$

Also gilt $\quad L\left\{t^n\right\} = \frac{n!}{p^n}\int_0^\infty e^{-pt}\ dt = \frac{n!}{p^{n+1}}$

Nach dem Verschiebungssatz ist

$$L\left\{e^{at}\right\} = L\left\{\delta(t)\cdot e^{at}\right\} = \frac{1}{p-a}$$

Für $a = j\omega$ wird

$$e^{j\omega t}\circ\!\!-\!\!\bullet\ \frac{1}{p-j\omega} = \frac{p+j\omega}{p^2+\omega^2}\ \bullet\!\!-\!\!\circ\ \cos\omega t + j\sin\omega t$$

Analog-Digital- und Digital-Analog-Wandler

Für die Quantisierung analoger Abtastwerte in einem Analog-Digital-Wandler (AD-Wandler) gibt es einige Codierverfahren, die alle auf dem Prinzip beruhen, daß Normale mit dem analogen Wert verglichen werden und bei Unterschreiten einer vorgegebenen Differenz der analoge Wert durch diesen Normwert ersetzt wird. Dabei wird gleichzeitig die Codierung, d.h. die Darstellung des Normwertes als Zahlenwert, meistens als Binärzahl vorgenommen.

1. Codiermethoden

Die in der PCM-Technik gebräuchlichen Codierverfahren kann man in drei Methoden einteilen (Bild 99). Bei der Zählmethode wird festgestellt, wie oft man ein Normal von der Größe eines Amplitudenintervalles übereinanderstapeln muß, um den Wert der Amplitudenprobe zu erreichen. Der Codiervorgang erfordert also mit 1 Normal maximal 2^n-1 mögliche Schritte. Bei der Iterationsmethode genügen dagegen n Schritte mit Hilfe von n Normalen, deren Größen sich wie $2^0:2^1:2^2:\ldots 2^{n-1}$ verhalten. Nacheinander werden die Normale, mit dem größten beginnend, mit dem zu codierenden Wert verglichen und, falls sie zusammen mit eventuellen Vorgängern größer als der zu codierende Wert sind, jeweils wieder zurückgestellt. Die Kombination der am Ende verbleibenden Normale ergibt das entsprechende Codezeichen. Bei der direkten Methode wird mit Hilfe von 2^n-1 Normalen, deren Größen den Amplitudenstufen entsprechen, in 1 Schritt durch Vergleich festgestellt, welches Normal dem zu codierenden Wert entspricht, und ein entsprechendes Codezeichen ausgelöst. Da die zweite Methode einen guten Kompromiß zwischen Aufwand und Codiergeschwindigkeit darstellt, ist sie die z.Z. gebräuchlichste.

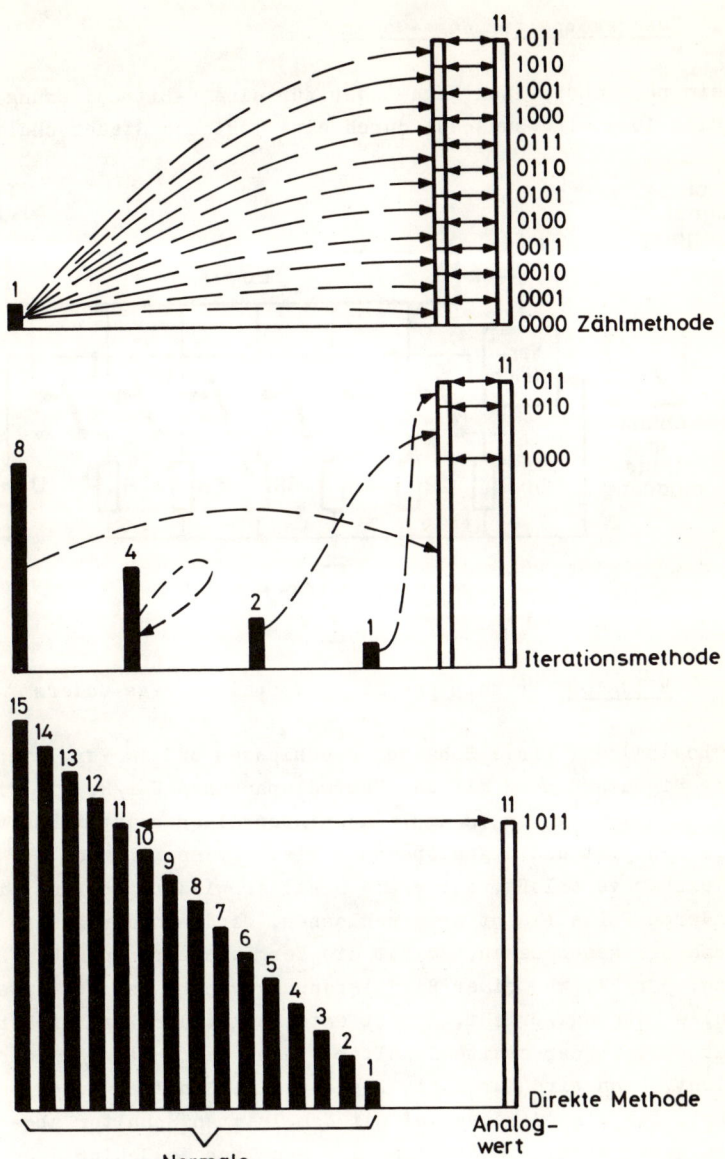

Bild 99 Codiermethoden bei der PCM

2. Rückgekoppelter Wäge-Coder

Beim rückgekoppelten Wäge-Coder für eine 6-Bit-Codierung
(Bild 100) wird zunächst durch eine logische Steuerschaltung

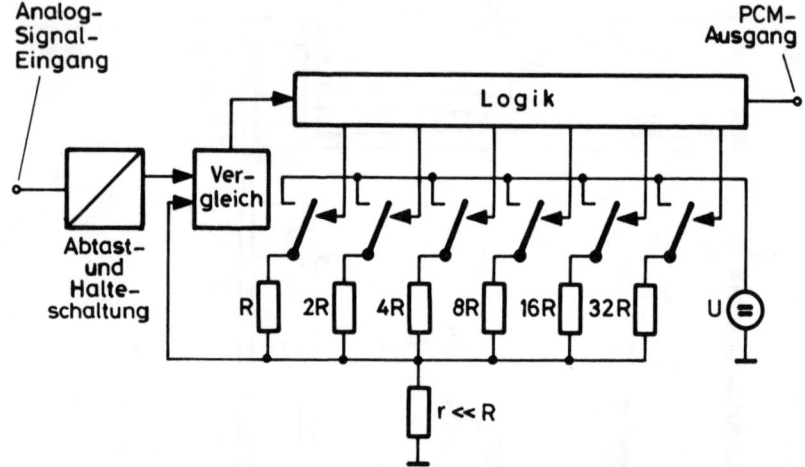

Bild 100 Prinzip des rückgekoppelten Wäge-Coders

("Logik") der erste Schalter geschlossen und im Vergleicher
die Signalspannung mit der "Normalspannung" U r/R, die einer
Signalspannung von 32 Amplitudenintervallen entspricht, verglichen. Ist die Signalspannung kleiner, so wird vom Vergleicher veranlaßt, der erste Schalter wieder geöffnet; im
anderen Falle bleibt er geschlossen. Wird nun der zweite
Schalter geschlossen, so ist die Vergleichsspannung U r/2R
bzw. 3Ur/2R, was einer Signalspannung von 16 bzw. 48 Inter-
vallwerten entspricht. Erneut entscheidet der Vergleicher
darüber, ob der zweite Schalter wieder geöffnet wird oder
nicht. Dann wird durch die Logik der 3. Schalter geschlosseb
usw., bis dieses Wägespiel mit dem letzten Schalter abge-
schlossen wird. Die Stellung der Schalter am Schluß dieses
Prozesses ergibt das gewünschte Codezeichen im Dualcode.

3. Decoder

Zu den beschriebenen Codiermethoden lassen sich auch entsprechende Decodiermethoden angeben. Hier soll jedoch nur
der lineare Bewertungsdecoder als gebräuchlichste Methode
beschrieben werden. Bei dieser wird das PCM-Signal zunächst
in ein Schieberegister (Bild 101) gegeben. Die Synchroni-

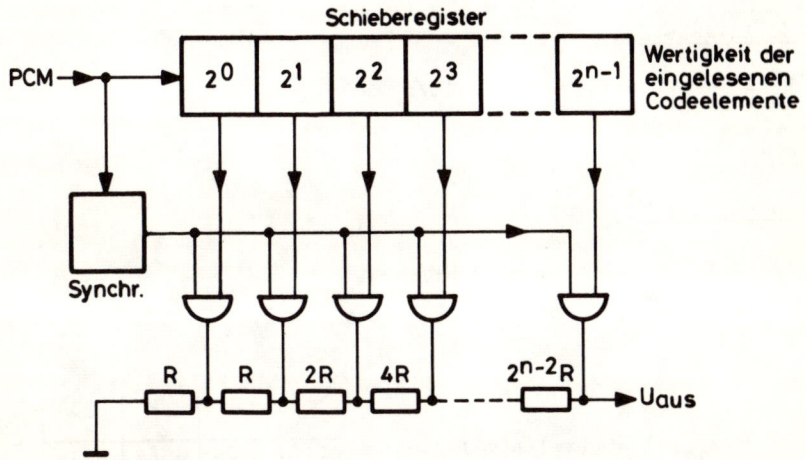

Bild 101 Prinzip des linearen Bewertungsdecoders

siereinrichtung gibt immer dann einen Impuls ab, wenn jeweils alle Elemente eines Codezeichens im Schieberegister
eingespeichert sind, und mit einer entsprechenden Anzahl von
Und-Gattern wird der Inhalt abgefragt. Bildet man die Aus-
gänge der Und-Gatter als Stromquellen gleicher Größe aus,
die im Falle der Eins-Aussage eingeschaltet sind, so erhält
man mit dem darunter liegenden Widerstandsnetzwerk eine Bewertung dieser Ströme proportional der Wertigkeit der Code-
elemente. U_{aus} ergibt quantisierte amplitudenmodulierte Impulse entsprechend den jeweils eingegebenen Codezeichen.

(Auszug aus: W. Arens, R. Kersten, W. Poschenrieder, "Die
Pulscode-Modulation und ihre Anwendung im Fernmeldewesen").

Lösungen der Aufgaben

Zu Aufgabe 1

1) $H_o^* = 25 \cdot 4 \cdot 10^5 \cdot \mathrm{ld}\ 256 = 80$ Mbit/s

2) $H_{o\mathrm{Farbe}}^* / H_{o\mathrm{Schwarz-Weiß}}^* = \mathrm{ld}(256 \cdot 32)/\mathrm{ld}256 = 1{,}625$

Zu Aufgabe 2

$H_o^* = \dfrac{1}{5 \cdot 10^{-3}}\ 4 \cdot \mathrm{ld}4 = 1{,}6$ kbit/s

Zu Aufgabe 3

1) $p(x_1) = 0{,}3 \quad p(x_2) = 0{,}7$

   $p(y_1) = 0{,}6 \quad p(y_2) = 0{,}1 \quad p(y_3) = 0{,}3$

2)

$p(x_i,y_j) = p(x_i) \cdot p(y_j)$

$p(x_i,y_j)$

i\j	1	2	3
1	0,18	0,03	0,09
2	0,42	0,07	0,21

3)

$p(x_i|y_j)$

i\j	1	2	3
1	1/6	1	1/3
2	5/6	0	2/3

$p(y_j|x_i)$

i\j	1	2	3
1	1/3	1/3	1/3
2	5/7	0	2/7

Zu Aufgabe 4

1) $p(y_a|x_a) \cdot p(x_a) + p(y_a|x_b) \cdot p(x_b) + p(y_a|x_c) \cdot p(x_c)$

$$= p(y_a) = p(x_a)$$

$$p(y_b|x_a)\cdot p(x_a)+p(y_b|x_b)\cdot p(x_b) + p(y_b|x_c)\cdot p(x_c)$$
$$= p(y_b) = p(x_b)$$

$$p(y_c|x_a)p(x_a)+p(y_c|x_b)p(x_b)+p(y_c|x_c)p(x_c)$$
$$= p(y_c) = p(x_c)$$

$$\frac{1}{2} p(x_b) + \frac{1}{2} p(x_c) = p(x_a)$$

$$\frac{4}{5} p(x_a) + \frac{1}{2} p(x_b) + \frac{2}{5} p(x_c) = p(x_b)$$

$$\frac{1}{5} p(x_a) + \frac{1}{10} p(x_c) = p(x_c)$$

$$p(x_a) = \frac{1}{3}, \quad p(x_b) = \frac{16}{27}, \quad p(x_c) = \frac{2}{27}$$

2) $p(x_i, y_j)$

i \ j	a	b	c
a	0	4/15	1/15
b	8/27	8/27	0
c	1/27	4/135	1/135

Zu Aufgabe 5

1) $p(A) = \frac{11}{30}, \quad p(B) = \frac{7}{12}, \quad p(C) = \frac{1}{20}$

2) $p(x_i, y_j)$

i \ j	A	B	C
A	1/60	18/60	3/60
B	19/60	16/60	0
C	2/60	1/60	0

156

3) $p(y_j|x_i)$

i \ j	A	B	C
A	1/22	9/11	3/22
B	19/35	16/35	0
C	2/3	1/3	0

4)

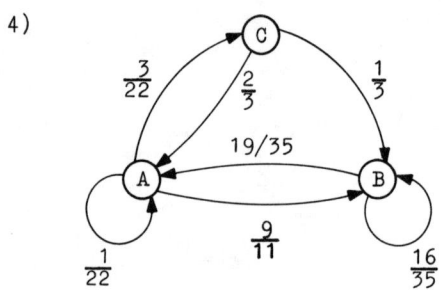

<u>Zu Aufgabe 6</u>

1) $H^*(X) = \dfrac{1}{5 \cdot 10^{-3}} \, ld4 = 400 \text{ bit/s}$

2) $H^*(X) = \dfrac{1}{5 \cdot 10^{-3}} \left[\dfrac{1}{5} \, ld5 + 2 \cdot \dfrac{1}{4} \, ld4 + \dfrac{3}{10} \, ld \, \dfrac{10}{3}\right] = 397,1 \text{ bit/s}$

<u>Zu Aufgabe 7</u>

1) $H(X) = \dfrac{11}{30} \, ld \, \dfrac{30}{11} + \dfrac{7}{12} \, ld \, \dfrac{12}{7} + \dfrac{1}{20} \, ld20 = 1,20 \text{ bit}$

2) $H(Y|X) = \dfrac{1}{60} \, ld22 + \dfrac{3}{10} \, ld \, \dfrac{11}{9} + \dfrac{1}{20} \, ld \, \dfrac{22}{3} + \dfrac{19}{60} \, ld \, \dfrac{35}{19} +$
$+ \dfrac{8}{30} \, ld \, \dfrac{35}{16} + \dfrac{1}{30} \, ld \, \dfrac{3}{2} + \dfrac{1}{60} \, ld3 = 0,931 \text{ bit}$

Zu Aufgabe 8

$$\delta^2 = \int\limits_{-a}^{0} x^2 \cdot \frac{1}{a^2} (x+a)\ dx + \int\limits_{0}^{a} x^2 \cdot \frac{1}{a^2} (a-x)\ dx = \frac{1}{6}\ a^2$$

$$H = \int\limits_{-a}^{0} \frac{1}{a^2} (x+a)\ ld\ \frac{a^2}{x+a}\ dx + \int\limits_{0}^{a} \frac{1}{a^2} (a-x)\ ld\ \frac{a^2}{a-x}\ dx$$

$$H = ld\ (a \cdot \sqrt{e}) = ld\ (\delta \cdot \sqrt{6e})$$

Zu Aufgabe 9

$$\delta(t) \cdot e^{-at} \circ\!\!-\!\!\bullet \int\limits_{0}^{\infty} e^{-at}\ e^{-j2\pi ft}\ dt = \frac{1}{a+j2\pi f}$$

$$e^{-a|t|} \circ\!\!-\!\!\bullet \int\limits_{-\infty}^{0} e^{at}\ e^{-j2\pi ft}\ dt + \int\limits_{0}^{\infty} e^{-at}\ e^{-j2\pi ft}\ dt = \frac{2a}{a^2+4\pi^2 f^2}$$

Zu Aufgabe 10

1) $\quad c_n = \dfrac{A}{j\pi n}\left(1-e^{-j2\pi f_0\tau}\right),\quad c_0 = \dfrac{A}{T}\ (2\tau-T)$

$\qquad c_n = 2A\ \dfrac{\tau}{T}\ si\left(\pi n\dfrac{\tau}{T}\right) \cdot e^{-j\pi n f_0\tau}$

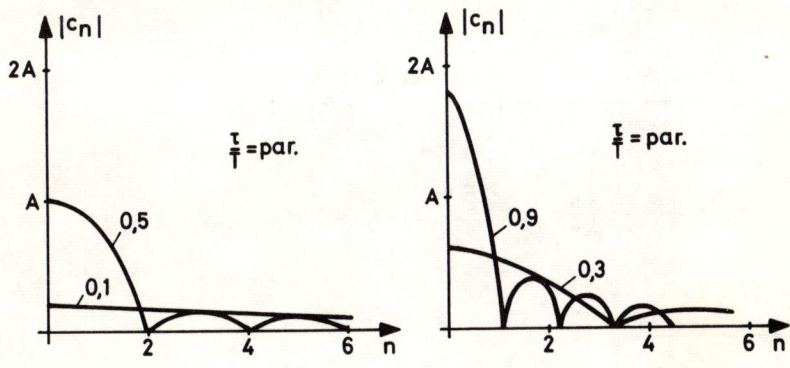

2) $\quad c_n = \dfrac{1}{(j2\pi n f_0)^2} \cdot \dfrac{2}{\tau T}\left(1 - 2e^{-j2\pi n f_0\frac{\tau}{2}} + e^{-j2\pi n f_0\tau}\right),$

$$c_o = \frac{1}{2}\frac{\tau}{T}$$

$$c_n = \frac{1}{2}\frac{\tau}{T}\, si^2\left(\frac{\pi}{2}n\cdot\frac{\tau}{T}\right)\cdot e^{-j\frac{\pi}{2}nf_o\tau}$$

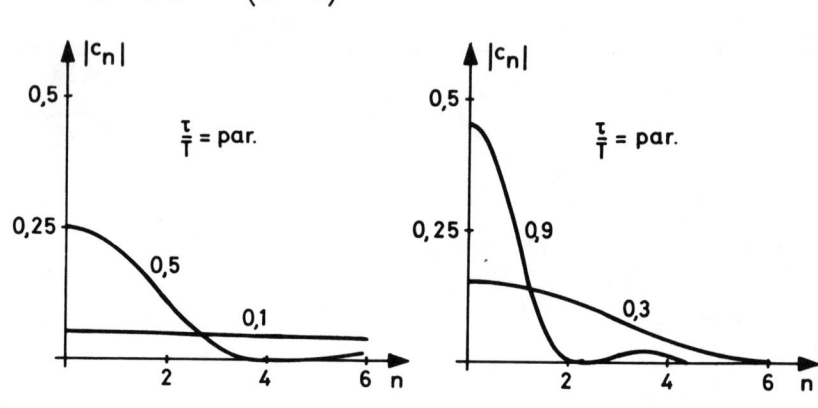

3) $$c_n = \frac{1}{j2\pi nf_o}\cdot\frac{1}{T}\left(e^{-j2\pi nf_o\frac{T}{3}} + e^{-j2\pi nf_o\frac{2T}{3}} - 2\right)$$

$$c_n = \frac{1}{j2\pi n}\left(e^{-j\frac{2}{3}\pi n} + e^{-j\frac{4}{3}\pi n} - 2\right),\quad c_o = 2\cdot T$$

4) $$c_n = \frac{1}{(j2\pi nf_o)^2}\cdot\frac{8A}{T^2}\left(e^{-j2\pi nf_o\frac{T}{2}} - 1\right)$$

$$c_n = \frac{j2A}{\pi n}\, si\left(\frac{\pi}{2}n\right)e^{-j\frac{\pi}{2}n},\quad c_o = 0$$

Zu Aufgabe 11

1) $$W(f) = \frac{1}{(j2\pi f)^2}\cdot\frac{4}{3\tau^2}\left(e^{+j2\pi f\tau} - e^{+j\pi f\tau} - e^{-j\pi f\tau} + e^{-j2\pi f\tau}\right)$$

$$W(f) = si\left(\frac{1}{2}\pi f\tau\right)\cdot si\left(\frac{3}{2}\pi f\tau\right)$$

2) $U_2(f) = U_1(f) \cdot W(f) = \frac{\tau}{2} \, si^2 \left(\frac{1}{2} \pi f \tau\right) si \left(\frac{3}{2} \pi f \tau\right) e^{-j\frac{1}{2}\pi f \tau}$

3)

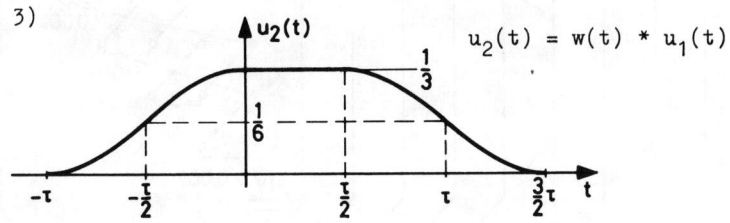

$u_2(t) = w(t) * u_1(t)$

<u>Zu Aufgabe 13</u>

$$[B] = \begin{array}{cccccccccccccc}
L & L & L & L & 0 & L & L & L & 0 & 0 & 0 & L & 0 & 0 & 0 \\
L & L & L & 0 & L & L & 0 & 0 & L & L & 0 & 0 & L & 0 & 0 \\
L & L & 0 & L & L & 0 & L & 0 & L & 0 & L & 0 & 0 & L & 0 \\
L & 0 & L & L & L & 0 & 0 & L & 0 & L & L & 0 & 0 & 0 & L \\
\end{array}$$

$$[A] = \begin{array}{cccccccccccccc}
L & 0 & 0 & 0 & 0 & 0 & 0 & 0 & 0 & 0 & 0 & L & L & L & L \\
0 & L & 0 & 0 & 0 & 0 & 0 & 0 & 0 & 0 & 0 & L & L & L & 0 \\
0 & 0 & L & 0 & 0 & 0 & 0 & 0 & 0 & 0 & 0 & L & L & 0 & L \\
0 & 0 & 0 & L & 0 & 0 & 0 & 0 & 0 & 0 & 0 & L & 0 & L & L \\
0 & 0 & 0 & 0 & L & 0 & 0 & 0 & 0 & 0 & 0 & 0 & L & L & L \\
0 & 0 & 0 & 0 & 0 & L & 0 & 0 & 0 & 0 & 0 & 0 & L & L & 0 & 0 \\
0 & 0 & 0 & 0 & 0 & 0 & L & 0 & 0 & 0 & 0 & L & 0 & L & 0 \\
0 & 0 & 0 & 0 & 0 & 0 & 0 & L & 0 & 0 & 0 & L & 0 & 0 & L \\
0 & 0 & 0 & 0 & 0 & 0 & 0 & 0 & L & 0 & 0 & 0 & L & L & 0 \\
0 & 0 & 0 & 0 & 0 & 0 & 0 & 0 & 0 & L & 0 & 0 & L & 0 & L \\
0 & 0 & 0 & 0 & 0 & 0 & 0 & 0 & 0 & 0 & L & 0 & 0 & L & L \\
\end{array}$$

Zu Aufgabe 12

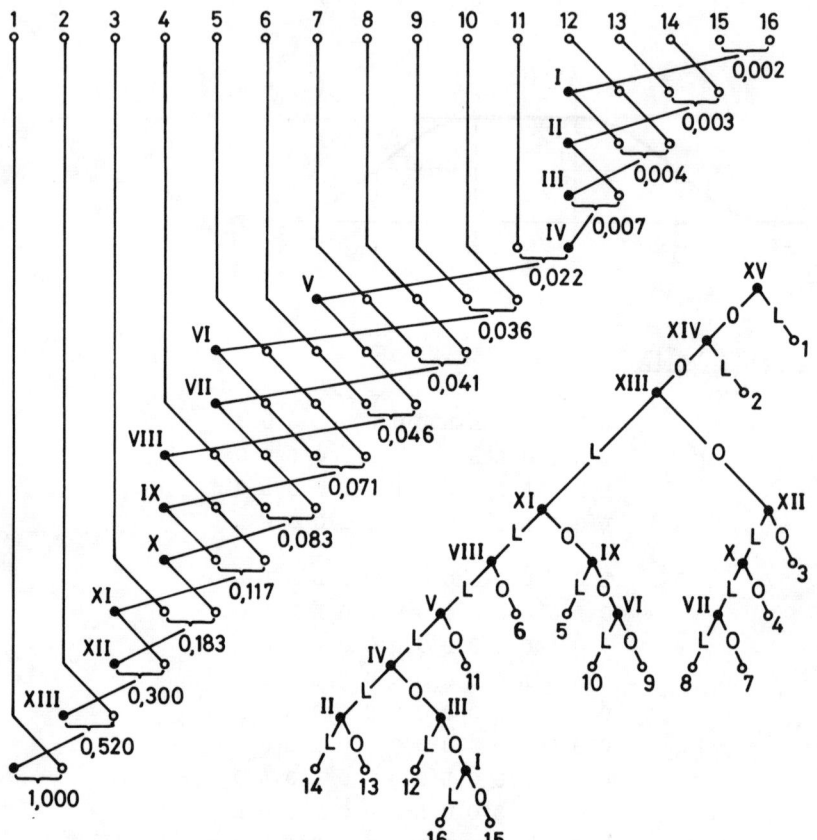

i	Code	i	Code	i	Code	i	Code
1	L	5	00L0L	9	00L000	13	00LLLLL0
2	0L	6	00LL0	10	00L00L	14	00LLLLLL
3	0000	7	000LL0	11	00LLL0	15	00LLLL000
4	000L0	8	000LLL	12	00LLLL0L	16	00LLLL00L

$H_0 = 4$ bit $H = 2,407$ bit $H_c = 2,435$ bit

Zu Aufgabe 14

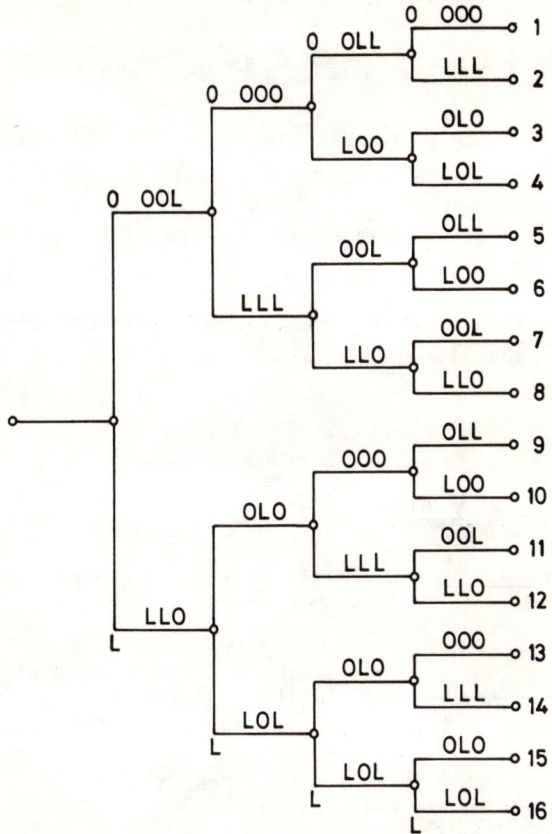

Zu Aufgabe 15

Die empfangene Bitfolge ist dem 7. Codewort am ähnlichsten.
Daher ist "O" das nächste Informationsbit.

<u>Zu Aufgabe 16</u>

1) $u_6(t) = \frac{1}{4} A_1 A_2 A_3 B a_1 A \sin \omega_m t$

2) $u_6(t) = \frac{1}{4} A_1 A_2 A_3 B a_1 A \sin \omega_m t$

<u>Zu Aufgabe 17</u>

$$U_2(f) = \frac{1}{j2\pi f} \sum_{n=-\infty}^{+\infty} e^{-j2\pi f n T_0} -$$

$$- \frac{1}{j2\pi f} \cdot e^{-j2\pi f \tau_0} - \sum_{n=-\infty}^{+\infty} e^{-j2\pi f \tau_0 m \sin(2\pi f_m n T_0)} \cdot e^{-j2\pi f n T_0}$$

$$2\pi m \frac{\tau_0}{T_0} = \Delta\varphi$$

$$U_2(f) = \frac{1}{j2\pi f T_0} \sum_{n=-\infty}^{+\infty} \delta(f-nf_0) -$$

$$- \frac{1}{j2\pi f T_0} \cdot e^{-j2\pi f \tau_0} \sum_{n=-\infty}^{+\infty} \sum_{q=-\infty}^{+\infty} J_q(\Delta\varphi \cdot f \cdot T_0) \, \delta(f-qf_m-nf_0)$$

$$c_{nq} = \frac{1}{j2\pi(n+qf_m T_0)} (-1)^{q-1} J_q\left[(n+qf_m T_0)\Delta\varphi\right] \cdot e^{-j2\pi(nf_0+qf_m)\tau_0} \quad q \neq 0$$

$$c_{no} = \frac{1}{j2\pi(n+qf_m T_0)} \left[1-J_0(n\Delta\varphi)\cdot e^{-j2\pi nf_0 \tau_0}\right]$$

$$|c_{1,-2}| = \frac{1}{2\pi(1-2f_m T_0)} J_2\left[(1-2f_m T_0)\Delta\varphi\right] \approx \frac{\Delta\varphi^2}{16\pi}(1-2f_m T_0)$$

$$|c_{o1}| = \frac{1}{2\pi f_m T_0} J_1(f_m T_0 \Delta\varphi) \approx \frac{\Delta\varphi}{4\pi}$$

$$k_{f_0-2\cdot f_m} = \frac{1}{4}\Delta\varphi(1-2f_m T_0) = \frac{1}{4}\cdot 2\pi\cdot\frac{1}{2}\cdot\frac{1}{48}\left(1-\frac{1}{2}\right) = \frac{\pi}{384} = 0,8\ \%$$

Literaturverzeichnis

Zur Informationstheorie

Shannon, C.E.   A Mathematical Theory of Communication
                  Bell System Technical Journal 27 (1947)
                  S.379 ff. und S.623 ff.

Shannon/Weaver   The Mathematical Theory of Communi-
                  cations
                  Urbana 1964

Fischer, F.A.   Die Grundgedanken der modernen Theorie
                  der Nachrichtenübertragung
                  Fernmelde-Ingenieur 1951, Heft 4

Fischer, F.A.   Einführung in die statistische Über-
                  tragungstheorie
                  Mannheim 1969

Fano, R.M.   Informationsübertragung
                  München 1966

Reza, F.M.   An Introduction to Information Theory
                  New York 1961

Peters, J.   Einführung in die allgemeine Informa-
                  tionstheorie
                  Heidelberg 1967

Gallager, R.   Information Theory and Reliable Commu-
                  nication
                  New York 1968

Schultze, E.   Einführung in die mathematischen
                  Grundlagen der Informationstheorie
                  Heidelberg 1969

Thomas, J.B.   An Introduction to Statistical Commu-
                  nication Theory
                  New York 1969

Henze/Homuth   Einführung in die Informationstheorie
                  Braunschweig 1970

Raisbeck, G.   Informationstheorie
                  München 1970

Zur Wahrscheinlichkeitslehre

Papoulis, A. — Probability, Random Processes
New York 1965

Davenport/Root — An Introduction to the Theory of Random Signals and Noise
New York 1958

Schlitt, H. — Systemtheorie für regellose Vorgänge
Heidelberg 1960

Zur Systemtheorie

Küpfmüller, K. — Die Systemtheorie der elektrischen Nachrichtenübertragung
Stuttgart 1968

Papoulis, A. — The Fourier Integral and its Applications
New York 1962

Wunsch, G. — Moderne Systemtheorie
Leipzig 1962

Unbehauen, R. — Systemtheorie; eine Einführung für Ingenieure
München 1969

Zur Modulationslehre

Black, H.S. — Modulation Theory
London 1953

Hölzler/Holzwarth — Theorie und Technik der Pulsmodulation
Heidelberg 1957

Woschni, E.G. — Frequenzmodulation
Berlin 1962

Cattermole, K.W. — Principles of Pulse Code Modulation
London 1969

Taub/Schilling — Principles of Communication Systems
New York 1971

| Kundig, A. | Digitale Telephonie, Theorie und Praxis der Pulscodemodulation |
| | Bern-Stuttgart 1972 |

| Peterson, W.W. | Prüfbare und korrigierbare Codes |
| | München 1967 |

| Peterson/Weldon | Error-Correcting Codes |
| | London 1972 |

Zur allgemeinen Nachrichtentheorie

NTF	Nachrichtentechnische Fachberichte
	Band 6, 19, 28, 33, Braunschweig
	Band 40, 42, Berlin

| NTG 0101 | Modulationstechnik, Begriffe |
| | Nachrichtentechnische Zeitschrift, 1971, S.282-286 |

| NTG 0102 | Informationstheorie, Begriffe |
| | Nachrichtentechnische Zeitschrift, 1963, S.46, und Nachrichtentechnische Zeitschrift, 1966, S.231 |

| Schwartz/Mischa | Information, Transmission, Modulation and Noise |
| | New York 1959 |

| Hancock, J. | An Introduction the Principles of Communication Theory |
| | New York 1961 |

| Schwartz/Bennett/Stein | Communication Systems and Techniques |
| | New York 1966 |

| McMullen, C.W. | Communication Theory Principles |
| | New York 1968 |

Sachweiser

Teubner Lehrbücher

Moeller
Leitfaden der Elektrotechnik
Herausgegeben von H.Fricke, H.Frohne, F.Moeller
und P.Vaske

Band I   Grundlagen der Elektrotechnik
              15., durchgesehene Auflage. Geb. DM 38,-

Band II   Elektrische Maschinen und Umformer
Teil 1:   Aufbau, Wirkungsweise und Betriebsver-
              halten. 11., überarbeitete Auflage.
              Kart. DM 36,-

Teil 2:   Berechnung elektrischer Maschinen
              8., überarbeitete Auflage. Kart. DM 34,-

Band IV   Elektrische Meßtechnik
              5., neubearbeitete und erweiterte Auflage.
              Geb. DM 38,-

Band VI   Elektrische Nachrichtentechnik
Teil 1:   Grundlagen. 2., durchgesehene Auflage.
              Kart. DM 32,-

Teil 2:   Hochfrequenztechnik
              Geb. DM 35,-

Band VII   Beispiele und Aufgaben zu den
              Grundlagen der Elektrotechnik
              2., durchgesehene Auflage. Kart. DM 15,-

Band VIII   Elektrische Antriebe und Steuerungen
              Kart. DM 34,-

Band IX   Elektrische Energieverteilung
              Kart. DM 36,-

Heumann/Stumpe
Thyristoren. Eigenschaften und Anwendungen
3., durchgesehene Auflage. Geb. DM 52,-

Elsner
Nachrichtentheorie
Band 1:   Grundlagen
              Teubner Studienbücher. Kart. DM 14,80
Band 2:   Der Übertragungskanal
              Teubner Studienbücher. In Vorbereitung

Preisänderungen vorbehalten